编委会

黄河干流宁夏段水环境新污染物监控研究

周瑞娟　张卫红•主编

黄河出版传媒集团
阳光出版社

图书在版编目（CIP）数据

黄河干流宁夏段水环境新污染物监控研究 /周瑞娟，
张卫红主编. -- 银川：阳光出版社, 2024.6
ISBN 978-7-5525-7276-6

Ⅰ.①黄… Ⅱ.①周… ②张… Ⅲ.①黄河流域－水
污染物－污染防治－研究－宁夏 Ⅳ.①X522.06

中国国家版本馆CIP数据核字(2024)第095610号

黄河干流宁夏段水环境新污染物监控研究

周瑞娟　张卫红　主编

责任编辑　马　晖
封面设计　赵　倩
责任印制　岳建宁

黄河出版传媒集团
阳　光　出　版　社　出版发行

出 版 人　薛文斌
地　　址　宁夏银川市北京东路139号出版大厦（750001）
网　　址　http://www.ygchbs.com
网上书店　http://shop129132959.taobao.com
电子信箱　yangguangchubanshe@163.com
邮购电话　0951-5047283
经　　销　全国新华书店
印刷装订　宁夏银报智能印刷科技有限公司
印刷委托书号　（宁）0029351

开　　本　880 mm×1230 mm　1/16
印　　张　8
字　　数　150千字
版　　次　2024年6月第1版
印　　次　2024年6月第1次印刷
书　　号　ISBN 978-7-5525-7276-6
定　　价　88.00元

目 录
CONTENTS

前 言

0.1 课题概述

黄河流域水环境保护是实现生态保护和高质量发展的重要基础，也是事关人民群众"水缸子"安全的需求。但随着经济社会的发展，生产、生活过程中产生的污染物越来越多，成分也越来越复杂，大量具有持久性、生物毒性的新污染物通过各种途径排放到周围环境中，会对生态环境及人体健康产生影响。

本课题以全氟化合物、烷基酚、酞酸酯和抗生素等重点管控新污染物为研究对象，在黄河宁夏段干支流、主要入黄排水沟、典型化工园区污水处理厂总排口、典型生活污水处理厂总排口共布设 10 个监测点，在丰水期和枯水期分别采集水环境样品，开展调查监测，采用多元统计法分析总结监测结果，验证新污染物监测的点位布设，明确下一步新污染物监测工作方案及规划，提升新污染物监测能力，为确保地表饮用水环境安全、改善黄河流域宁夏段水环境质量、落实新污染物治理提供基础数据及技术支撑。

课题由宁夏回族自治区生态环境监测中心牵头，联合国家环境分析测试中心共同完成。研究成果可为提升黄河水质、助力饮用水安全、削减新污染物提供有力抓手，兼具生态效益和社会效益。

0.2 研究意义

0.2.1 国家发展的需求

当前，我国大气、水、土壤环境质量明显改善，"天蓝水清"已逐步实现。与此同时，难降解有机污染物、环境内分泌干扰物等新污染物逐步受到关注和重视。

一方面生态环境管理新形势对生态环境监测提出了新的要求，监测因子由常规质量监测逐渐向通量监测转变，然而在常规污染物（SO_2、NO_2、$CODcr$、NH_3-N 等）尚未完全得到有效控制的同时，新污染物层出不穷，其分析、控制又成为我国迫切需要解决的生态环境问题；另一方面随着人们生活水平的日益提高，民众对环境要求愈加严格，对环境质量的了解已不仅仅局限于标准体系里的一系列污染物，对污染物的毒性研究也不再局限于短期效应，更关注长期慢性毒性或代际效应。新污染物监测已成为生态环境监测不得不面临的问题。

近年来，习近平总书记在全国生态环境保护大会、中央政治局集体学习、中央全面深化改革委员会会议等多个重要场合，反复强调新污染物治理的重要性和紧迫性。《中华人民共和国国民经济和社会发展第十四个五年规划和 2035 年远景目标纲要》（简称"十四五"规划纲要）也提出了关于"重视新污染物治理"和"健全有毒有害化学物质环境风险管理体制"的要求。由此可见，新污染物监测工作的比重正在逐步提升，这也说明新污染物监测终将成为我国建设生态文明进程中常态化、广泛性的一项工作。

2021 年 11 月 2 日，《中共中央 国务院关于深入打好污染防治攻坚战的意见》（以下简称《意见》）中就加强新污染物治理工作做出部署："加强新污染物治理。制定实施新污染物治理行动方案。针对持久性有机污染物、内分泌干扰物等新污染物，实施调查监测和环境风险评估，建立健全有毒有害化学物质环境风险管理制度，强化源头准入，动态发布重点管控新污染物清单及其禁止、限制、限排等环境风险管控措施。"同时，《意见》在主要目标中要求，到 2025 年，新污染物治理能力明显增强。为落实《意见》相关要求，2022 年 6 月，国务院办公厅印发了《新污染物治理行动方案》。2022 年 12 月，宁夏也颁布了《宁夏回族自治区新污染物治理工作方案》（宁政办发〔2022〕72 号），新污染物治理逐步成为深入打好污染防治攻坚战的拓宽和延伸。

生态环境部《"十四五"生态环境保护规划》（国发〔2021〕31 号）明确指出"开展新污染物筛查、评估与环境监测。进行重点行业重点化学物质生产使用信息调查和环境危害评估，识别有毒有害化学物质。在长江、黄河等重点流域，以内分泌干扰物、抗生素、全氟化合物等有毒有害化学物质为调查对象，开展有毒有害化学物质环境调查监测和环境风险评估。在优先控制化学品名录基础上，建立国家新污染物清单。加快建立完善新污染物监测标准规范，编制专项调查监测工作方案"。《宁夏回族自治区生态环境保护"十四五"规划》（宁政办发〔2021〕59号）也强调："加强新污染物防控。开展典型内分泌干扰物、抗生素、全氟化合物、微塑料等新污染物监测和风险评估。"这表明新污染物监测已成为推动建设黄河流域生态保护和高质量发展先行区过程中不可缺少的重要基础工作与重大举措。

0.2.2　地区发展的需求

在配合生态文明建设的同时，宁夏生态环境监测经过多年努力，基本建成与生态文明建设要求相适应的天地一体、上下协同、信息共享的生态环境监测网络，及时与全国建立监测信息联网。建成地表水交界断面自动监测体系、环境空气质量监测预报预警体系及平台，开展遥感监测和溯源分析，拓展水生态和碳监测，巩固污染源监测，生态环境监测能力得到长足发展，实验室分析能力覆盖《地表水环境质量标准》（GB 3838—2002）与《污水综合排放标准》（GB 8978—1996）、《环境空气质量标准》（GB 3095—2012）及修改单、《大气污染物综合排放标准》（GB 16297—1996）、《土壤环境质量　农用地土壤污染风险管控标准（试行）》（GB 15618—2018）、《土壤环境质量　建设用地土壤污染风险管控标准（试行）》（GB 36600—2018）中的污染物项目，基本满足生态环境监测及管理的需要。但与经济形势发展和人民群众日益提高的环境需求相比，监测能力还相对落后，还不能完全适应当前生态环境工作的需要。

近年来，宁夏水、大气等各类环境要素质量改善明显。从发展趋势看，宁夏生态环境正处于逐步恢复的过渡阶段，但距离较高水平仍有一定的差距。当前和今后一段时期将是破解宁夏复杂环境问题的重要攻坚期，生态环境的监测因子将从常规污染物向水生态、新污染物转变，并逐步对影响生态环境和健康的污染物有所侧重，管控手段将从控源减排和环境质量达标考核，逐步向风险防控和生态修复延伸。然而，宁夏在新污染物监测方面较为匮乏，尤其是烷基酚、双酚A等内分泌干扰物、全氟化合物等持久性有机污染物的监测还未开展，获取全面的生态环境新污染物本底数据、建立新污染物监测分析方法、综合评估新污染物对生态环境的风险等内容成为宁夏开展生态环境监测工作中迫切需要解决的问题。

0.2.3　生态环境管理的需求

生态环境监测管理经历了30多年的发展，取得了丰富的经验，但还是有许多不足之处，比如监测因子还不太全面。然而，随着生态环境管理新形势对生态环境监测提出的"测得全"的新要求，新污染物的分析及控制又成了当前我国迫切需要解决的生态环境问题。但许多新污染物的分析方法还不健全，质量控制指标也不全面，开展监测缺乏全面和系统的指导。

黄河是中华民族的母亲河，保护黄河是事关中华民族伟大复兴的千秋大计。宁夏在黄河流域生态保护和高质量发展中占据重要的战略地位，确保黄河流域生态环境持续向好，解决流域环境污染问题是先行区建设赋予的光荣使命。2019年，为解决银川都市圈水资源总量不足、地下水超采、供水保证率低、水环境质量以及与城乡规划建设矛盾日益突出等问题，自治区政府统筹推进，建成银川都市圈城乡西线供水工程，采用黄河水替代地下水作为饮用水源。至此，黄河水环境质量关系三市八县区260万人的生活质量，保障黄河水环境不仅事关人民群众的"水缸子"安全需求，而且是国家重大需求和学科发展前沿问题，因此开展黄河流域宁夏段水环境新污染物监控研究是非常必要的，也是《宁夏回族自治区生态环境监测"十四五"规划》（宁环发〔2021〕84号）中迫切需要解决的问题。

本项目以全氟化合物、烷基酚、酞酸酯和抗生素等重点管控新污染物为研究对象，在黄河宁夏段干支流、主要入黄排水沟、典型化工园区污水处理厂总排口、典型生活污水处理厂出口总排口共布设10个采样点，在丰水期和枯水期分别采集水环境样品，开展新污染物调查监测，采用多元统计法分析、总结监测结果，明确下一步全区新污染物监测工作方案及规划，提升全区新污染物监测能力，为确保地表饮用水环境安全、改善黄河流域宁夏段水环境质量、落实新污染物治理提供基础数据及技术支撑。

本项目符合《中共中央 国务院关于深入打好污染防治攻坚战的意见》《"十四五"生态环境监测规划》（环监测〔2021〕117号）和《宁夏回族自治区生态环境保护"十四五"规划》（宁政办发〔2021〕59号）中"加强新污染物防控。针对持久性有机污染物、内分泌干扰物等新污染物，实施调查监测和环境风险评估"及《中共宁夏回族自治区委员会关于建设黄河流域生态保护和高质量发展先行区的实施意见》（宁党发〔2020〕17号）中"治理流域环境污染，确保饮用水源安全"的主题，是深入贯彻落实国家、自治区关于加快推进生态文明建设的政策措施。通过本项目的实施，创新、发展水环境监测领域的新思路、新方法，为提升黄河流域宁夏段水环境质量、厘清黄河新污染物来源及地表饮用水环境安全提供有力支撑，兼具社会效益和示范意义，有利于宁夏建设黄河流域生态保护和高质量发展先行区。

0.3 国内外技术现状和发展趋势

0.3.1 国内外新污染物监测现状及特点

近年来，随着科学仪器的飞速发展，越来越多的新污染物进入科学研究视野。发达国家与地区非常重视新污染物的监测与控制，早在 20 世纪 70 年代，一些西方发达国家就颁布法令禁止使用含多氯联苯的电容器，逐渐限制和控制六六六、滴滴涕的使用，研究新产品代替这些农药。比利时、荷兰、法国和德国相继发生畜禽类产品及乳制品二噁英污染，在全球引起极大的震撼，随后各国也逐渐加大了对二噁英排放的监测与控制，并建设了一批二噁英监测科研与商业实验室。进入 21 世纪，美国及一些欧洲国家开始开展地表水中新污染物研究，把工作重点转移到一些新兴的污染物领域。欧洲一些国家是新型有害有毒有机污染物研究的先锋，欧盟于 2000 年建立"水框架导则"，建立了地表水有毒有害有机物的分析方法，并开展调查工作，其中包括烷基酚、酞酸酯类内分泌干扰素等。

当前，新污染物的定义还不明确，学者比较关注在危害特性或致毒机理等方面有待进一步深入探究的新污染物，而生态环境监测更关注的是对国家生态环境安全和人民群众身体健康存在较大风险，但尚未纳入生态环境管理或现有管理措施不足以及有效防控其风险的有毒有害化学物质。新污染物种类繁多，目前全球关注的新污染物超过 20 大类，我国现有化学物质 4.5 万余种，而且随着对其环境和健康危害的不断深入认识以及监测技术的不断发展，新污染物的种类必然持续增加。

新污染物具有危害严重性、风险隐蔽性、环境持久性、来源广泛性和治理复杂性，多数新污染物存在器官毒性、神经毒性、生殖和发育毒性、免疫毒性、内分泌干扰效应、致癌性、致畸性等多种生物毒性。虽然短期危害不明显，但其在环境中能持久存在，且可生物累积、长距离迁移，进而危害环境生物和人体健康。因此，以达标排放为主要手段的常规污染物治理手段，无法实现对新污染物的全过程环境风险管控。此外，新污染物涉及行业众多，产业链长，替代品和替代技术不易研发，需多部门跨界协同治理。

国内外学者对新污染物开展了大量的研究。文献表明，我国作为化学品生产和使用大国，大气、水、土壤中均不同程度地检出壬基酚环境内分泌干扰物、抗生素、微塑料等新污染物，新污染物治理逐渐成为继雾霾、黑臭水体之后，又一个生态环境保护的重点工作和制约大气、水、土壤环境质量持续深入改善的新难点之一。

0.3.2 新污染物治理工作进展

多年来，生态环境部在有毒有害化学物质环境风险管理方面开展了许多工作，为新污染物治理积累了经验。一是印发《重点管控新污染物清单》（2022 年 12 月 29 日生态环境部令第 28 号公布），列入 14 种类优先控制的化学物质，推进环境风险管控；二是组织落实《斯德哥尔摩公约》和《水俣公约》，限制、禁止了全氟辛基磺酸等有毒有害化学物质的生产和使用，减少了新污染物的源头；三是组织推进全国开展有毒有害化学物质环境管理登记，对有毒有害化学物质的生产、使用开展详细调查，建立用途、生产使用量等信息库；四是印发《新污染物治理行动方案》（国办发〔2022〕15 号），建立"中央统筹、省负总责、市县落实"工作机制，成立全国新污染物治理技术小组，由国家环境分析测试中心牵头建立新污染物监测技术方法体系，生态环境部南京科学研究所等开展技术帮扶，推动新污染物调查监测评估工作落地。

0.3.3 新污染物治理工作面临的挑战

目前，为落实《关于深入打好污染防治攻坚战的意见》，各省份开展了新污染物筛查、监测、评估和环境风险管控等工作，为新污染物的治理奠定了基础。但总体来说，我国新污染物治理起步较晚，各省监测、治理技术水平参差不齐，存在诸多短板。一方面环境风险管理的法律法规缺位。早在 20 世纪六七十年代，美国、日本等发达国家就颁布了化学物质环境管理法律法规，倒逼化工等行业绿色发展。而我国尚未颁布化学物质环境管理法律法规，新污染物治理、管控缺乏法律依据。另一方面环境风险管理工作基础薄弱。我国新污染物的环境风险监测、评估、管控的技术方法相对还比较薄弱，危害识别、暴露预测、环境风险评估、绿色替代、污染控制等领域的研究相对滞后，生态毒理学数据库还不完备，很大程度制约了新污染物环境风险的科学评估和精准管控。

0.3.4　新污染物治理思路和主要任务

　　针对新污染物环境风险隐蔽性高、种类繁多、常规管控效率不高等特点，开展新污染物治理，以"筛""评""控"为主线，坚持系统治理、综合治理、源头治理，突出精准、科学、依法治污，注重全生命周期环境风险管理。一方面建立健全新污染物治理体系及协调机制，按照中央统筹、省负总责、市县落实的原则，以源头管控为主、兼顾过程减排和末端治理，统筹推进治理工作。另一方面开展有毒有害化学物质登记管理，严格落实新污染物淘汰和限用制度，开展新污染物调查监测和环境风险评估，动态发布属地优先监测新污染物清单和重点管控新污染物清单，实施禁止、限用、限排等环境风险管控措施。同时，对抗生素、微塑料等危害机理尚不清晰、环境风险评估技术尚不完善的新污染物，加大科技支撑，集中攻关。

0.4　研究目标与内容

0.4.1　研究目标

　　以全氟化物、烷基酚、酞酸酯和抗生素等国家重点管控新污染物为研究对象，在黄河宁夏段干支流、主要入黄排水沟、典型化工园区污水处理厂出口、典型生活污水处理厂出口共布设 10 个采样点，在丰水期和枯水期分别采集水环境样品，开展 200 种新污染物调查监测，采用多元统计法分析监测结果，开展不同营养级别的生态风险评估和不同人群、不同年龄人体健康风险评估，建立烷基酚等新污染物监测能力，为确保地表饮用水环境安全、改善黄河流域宁夏段水环境质量、落实新污染物治理提供基础数据及技术支持。

0.4.2　研究内容

　　（1）优化点位布设。对水系分布、水环境质量状况、排污口分布、产业发展、重点行业企业产排水状况及污染物种类进行摸查，在黄河干支流、典型入黄排水沟、典型工业园区、城镇污水处理厂，布设点位并进行优化，确保点位布设合理、具有代表性，能准确反映黄河宁夏段污染水平。

　　（2）建立新污染物监测能力。在开展课题研究的过程中，对新污染物监测技术进行验证，建立烷基酚、三氯杀螨醇监测能力，在监测的过程中，开展实验室间比对分析，确保监测数据可靠。

（3）样品采集与定性定量分析。在丰水期、枯水期进行样品采集，使用相应的分析仪器，开展全氟化合物、烷基酚、酞酸酯和抗生素等重点管控新污染物进行定性定量分析，明确污染水环境的新污染物种类。

（4）数据汇总、分析、编写报告。根据黄河流域宁夏段新污染物监测结果，结合多元统计分析方法，对监测结果进行统计、分析，明确污染的新污染物种类及空间分布特征，构建黄河流域宁夏段基于生态风险评估的优先监测新污染物清单。

（5）开展评估。根据样品分析所得数据，建立生态及人体健康风险评估模型，开展鱼类、藻类、大型溞不同营养级别的生态风险评估及不同年龄段、不同性别的人类健康风险评估，为落实新污染物治理提供基础科学数据及技术支撑。技术路线如图 0.4-1 所示。

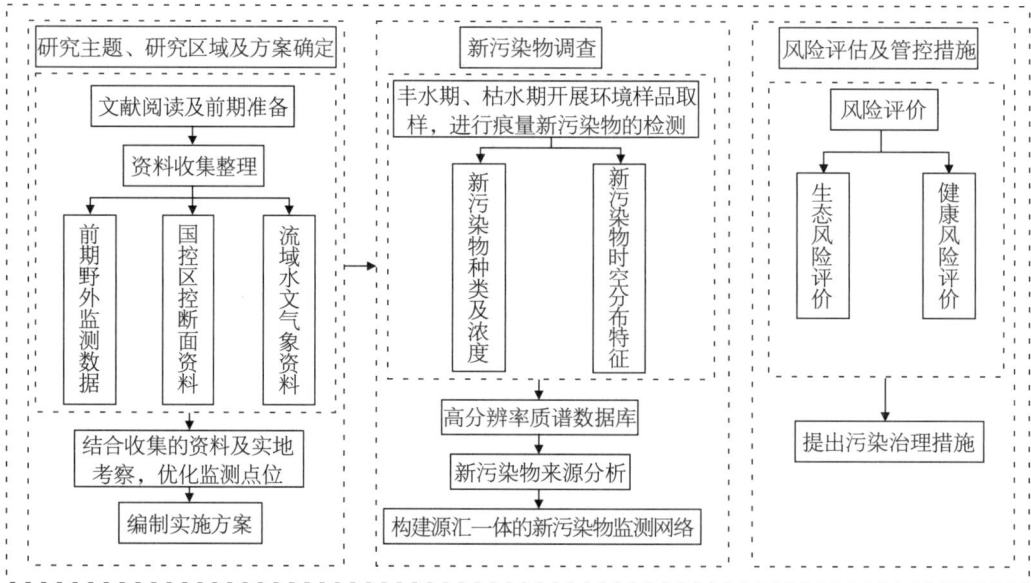

图 0.4-1 技术路线图

0.5 所取得成果

本课题通过野外调查、资料收集、室内整理、现场采样、实验室检测、理论分析、综合研究等方法，建立了烷基酚、三氯杀螨醇等重点管控新污染物的实验室分析方法，基本查清了黄河宁夏段、代表性支流及排水沟的重点管控新污染物的污染种类、污染水平及分布特征，获得了重点管控新污染物的水环境底数，根据监测结果，建立了 53 项检出新污染物的生态风险评估模型和通过饮水途径的人体健康风险评估模型，开展了生态及人体健康风险评估，构建了黄河流域宁夏段基于生态风险评估的优先监测新污染物清单，有助于新污染物监测能力的提升，为确保地表饮用水环境安全、改善黄河流域宁夏段水环境质量、落实新污染物治理提供基础数据及技术支撑，主要结论如下：

（1）通过资料收集、现场踏勘、综合分析，厘清了水系分布、水环境质量状况、排污口分布、产业发展、重点行业企业产排水状况及污染物种类，构建了包含黄河干支流、典型入黄排水沟、地下水、生活源及工业源的汇源一体新污染物试点监测点位。

（2）明确了新污染物监测的种类及条件。基于国家发布的重点管控新污染物清单，结合宁夏重点行业企业用地调查及工业园区地下水调查结果，确定了监测的 200 项新污染物的种类。开展了抗生素、全氟化合物、烷基酚、酞酸酯及有机磷酸酯的采样条件（采样瓶材质、固定剂）、保存条件（温度）的条件实验，明确了抗生素、烷基酚及有机磷酸酯采用棕色硬质窄口玻璃瓶采样，抗生素添加 80 mg 硫代硫酸钠作为固定剂，样品采集 800 mL，并在 12 h 内冷冻，采用冷藏箱运输，运输过程确保箱内温度为 0~4 ℃，样品在分析前始终保持冰水混合的状态。

（3）建立了部分新污染物的监测能力。基于课题研究的内容，建立了 11 项烷基酚的液相色谱质谱联用和三氯杀螨醇的气相色谱质谱分析方法，开展了实验室间比对，确定了各组分的方法检出限，填补了 12 项新污染物监测能力的空白。

（4）对布设的点位分别开展丰水期、枯水期现场采样和实验室分析，结果显示，此次调查共检出 53 项新污染物，其中，丰水期检出 47 项新污染物，枯水期检出 39 项新污染物。抗生素和有机磷酸酯是宁夏主要新污染物，其中磺胺类抗生素和氯代磷酸酯是主要污染类别。抗生素主要来源于畜禽养殖和水产养殖；有机磷酸酯主要来源于工业生产和人类生活；全氟化合物主要来源于工业排放，在宁夏检出浓度较低；烷基酚主要检出污染物为壬基酚。

（5）污染物来源显示，黄河干流宁夏段外源输入型污染物有 10 项，内外源型污染物有 4 项；内源型污染物有 9 项，以磺胺类抗生素和氯代磷酸酯为主。

（6）建立了 53 项检出新污染物的生态风险评估模型，采用熵值法，分别对鱼类、大型溞、藻类开展生态风险评估，结果显示 53 项新污染物丰水期和枯水期对鱼类、大型溞、藻类的生态风险均较低。

（7）建立了53项检出新污染物通过饮水途径的人体健康风险评估模型，对男性、女性、男童和女童分别开展健康风险评估，结果显示53项新污染物丰水期和枯水期对不同人群的健康风险均较低，可忽略不计。

（8）基于监测及评估结果，明确了8项黄河流域宁夏段基于生态风险评估的优先监测新污染物清单，分别为咖啡因、磺胺甲噁唑、全氟丁酸、磷酸三（2–氯丙基）酯、壬基酚、全氟辛酸、全氟辛烷和磷酸三（2–氯乙基）酯。

第一章　地表水资源概况

1.1　地理位置

宁夏回族自治区（以下简称"宁夏"）是全国五个少数民族自治区之一，省会银川市，地处东经104°17′~107°39′，北纬35°14′~39°23′，位于我国西部的黄河中上游地区，东邻陕西省西部，南连甘肃省，北部和西北部与内蒙古自治区接壤。自古以来就是内接中原，西通西域，北连大漠，各民族南来北往频繁的地区。疆域轮廓南北长、东西短，南北相距约456 km，东西相隔50~250 km，是我国面积最小的省区之一，总面积6.64万 km^2，占全国总面积的0.69%。

1.2　地形地貌

宁夏地处我国地质、地貌"南北中轴"的北段，境内地质构造复杂，新构造运动活跃，山地迭起、平原错落、丘陵连绵，沙丘、沙地散布，在华北台地、阿拉善台地与祁连山褶皱之间。高原与山地交错，大地构造复杂。从西面、北面至东面，由腾格里沙漠、乌兰布和沙漠、毛乌素沙地相围，南面与黄土高原相连。地形南北狭长，地势南高北低，西部高差较大，东部起伏较缓。受地质构造和区域构造应力场的控制，地貌格局以北西走向的牛首山−青龙山断裂为界，呈现明显的南北差异。南部的六盘山自南端往北延，与月亮山、南华山、西华山等断续相连，把黄土高原一分为二。东侧和南面为陕北黄土高原与丘陵，西侧和南侧为陇中山地与黄土丘陵。中部山地、山间与平原交错。卫宁北山、牛首山、罗山、青龙山等扶持山间平原，错落屹立。北部地貌呈明显的东西分异。黄河出青铜峡后，塑造了美丽富饶的银川平原。平原西侧，贺兰山拔地而起，直指苍穹。东侧鄂尔多斯台地，高出平原百余米,前缘为一陡坎,是宁夏向东突出的灵盐台地,平均海拔 1 000 m。按地表特征,还可分为南部暖温带平原地带,中部中温带半荒漠地带和北部中温带荒漠地带。宁夏从南向北表现出由流水地貌向风蚀地貌过渡的特征。

宁夏自北而南分为贺兰山山地、银川平原、卫宁平原、宁中山地与山间平原、灵盐台地、宁南黄土丘陵和六盘山山地等 7 个地貌区。根据自然特点和传统习惯,一般把银川市、石嘴山市、中卫市和吴忠市的利通区、青铜峡等市县的引黄灌溉区称为宁夏北部;把吴忠市的盐池、同心两县和灵武市、中卫市的山区以及中卫市海原县的北部称为宁夏中部;把固原市的原州区、西吉县、隆德县、泾源县、彭阳县及中卫市海原县的南部山区称为宁夏南部;黄河沿岸平原地区称为宁夏河套平原。

1.3 气象水文

1.3.1 气象

宁夏深居内陆,位于我国西北东部,处于黄土高原、蒙古高原和青藏高原的交会地带,大陆性气候特征十分典型。在我国的气候区划中,固原市南部属中温带半湿润区,原州区以北至盐池、同心一带属中温带半干旱区,引黄灌区属中温带干旱区。宁夏的基本气候特点是:干旱少雨、风大沙多、日照充足、蒸发强烈,冬寒长、春暖快、夏热短、秋凉早,气温的年较差、日较差大,无霜期短而多变,干旱、冰雹、大风、沙尘暴、霜冻、局地暴雨洪涝等灾害性天气比较频繁。2010—2021 年宁夏平均气温为 9.3~9.9 ℃,2021 年平均气温 9.9 ℃创近 10 年新高。

据中国气象区划,宁夏自南向北分跨三个气候带,降水由南向北递减,降水年际变化大,六盘山和贺兰山地区是宁夏南北的多雨中心。宁夏降水季节分配不均匀,夏秋多、冬春少、降水相对集中。2010—2021 年,宁夏年降水量为 262.7~370.3 mm,2021 年降水量为 268.9 mm,是近 10 年最低。

表 1.3-1 宁夏气候带划分

气候带	地区	年降水量/mm
中温带半湿润区	固原市原州区以南地区	400~650
中温带半干旱区	原州区以北至盐池、同心一带	300
中温带干旱区	引黄灌区	200

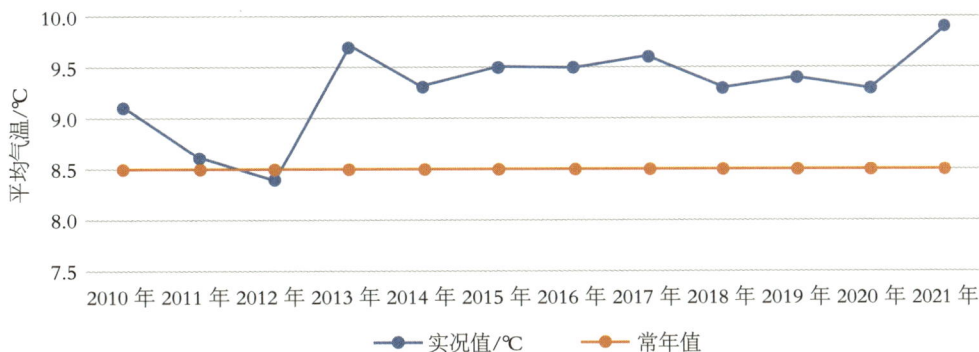

图 1.3-1　2010—2021 年宁夏逐年气温统计

图 1.3-2　2010—2021 年宁夏逐年降水统计

宁夏各地年平均蒸发量为 1 312.0~2 204.0 mm，是多年平均降水量的 7 倍左右，同心、韦州、石炭井最大，超过 2 200 mm；西吉、隆德、泾源较小，在 1 336.4~1 432.3 mm 之间。蒸发量夏季最大，冬季最小。

宁夏海拔较高、阴雨天气少、大气透明度好，辐射强度高，日照时间长。年平均太阳总辐射量为 4 950~6 100 MJ/m²，年日照时数为 2 250~3 100 h，日照百分率为 50%~69%，是全国日照资源丰富地区之一。

1.3.2　水文

宁夏主要河流有黄河干流及其支流。除中卫市甘塘一带为内陆河区外，其余地区皆属黄河流域。盐池县东部为黄河流域闭流区。流域面积大于 1 000 km² 的河流有 15 条，大于 10 000 km² 仅黄河与清水河 2 条。境内黄河支流有祖厉河、清水河、苦水河、葫芦河、泾河、渝河、茹河及黄河两岸诸沟。清水河、苦水河、都思兔河为黄河一级支流，泾河和葫芦河为黄河二级支流，渝河为黄河三级支流，茹河为黄河四级支流。流域面积以清水河最大，径流量以泾河最多。祖厉河、清水河、苦水河及沿岸诸沟，由南向北注入黄河，流经干旱、半干旱地区，具有水量小、矿化度高、泥沙多、径流量变化大等特点；泾河和葫芦河先入渭河再入黄河，流经半湿润区，具有水量较大、矿化度较低、泥沙较少、径流量变化小等特点。

黄河宁夏段自中卫市南长滩入境，西东转南北蜿蜒于卫宁平原和银川平原，至石嘴山市头道坎北麻黄沟出境，流程 397 km，占黄河全长的 7.3%，是宁夏主要供水水源。

宁夏人均水资源可利用量仅为全国平均水平的 1/3，世界平均水平的 1/9，是我国水资源严重短缺的省区之一，干旱半干旱面积占总面积的 75% 以上。

1.4　社会环境

1.4.1　行政区划

宁夏辖区现划分为 5 个地级市（9 个地级市辖区）、11 个县（区）、2 个县级市，首府为银川市。在宁夏 6.64 万 km² 的总面积中，银川、石嘴山、吴忠、固原、中卫五市的国土面积分别占宁夏国土总面积的 13.37%、7.84%、32.26%、20.26%、26.28%。

表1.4-1　宁夏行政区划

行政名称	行政单位/个				辖区	面积/km²
	地市辖区	县级市	县	合计		
银川市	3	1	2	6	兴庆区、西夏区、金凤区、永宁县、贺兰县、灵武市	8 874.36
石嘴山市	2	0	1	3	大武口区、惠农区、平罗县	5 207.98
吴忠市	2	1	2	5	利通区、红寺堡区、青铜峡市、盐池县、同心县	21 419.55
固原市	1	0	4	5	原州区、西吉县、隆德县、泾源县、彭阳县	13 450.23
中卫市	1	0	2	3	沙坡头区、中宁县、海原县	17 447.61
全区	9	2	11	22	—	66 399.73

1.4.2　人口

根据第七次全国人口普查数据显示，宁夏人口总量呈稳步增长趋势，宁夏常住人口为 7 202 654 人，与 2010 年第六次全国人口普查相比，增加 901 304 人，增长 14.3%，年平均增长 1.35%。宁夏常住人口中，居住在城镇的人口为 4 678 654 人，占 64.96%；居住在乡村的人口为 2 524 000 人，占 35.04%。与 2010 年第六次全国人口普查相比，城镇人口比重上升 17.06 个百分点。10 年来，随着宁夏新型工业化、新型城镇化和农业现代化进程稳步推进，宁夏城镇化建设取得了历史性成就。自治区首府银川市常住人口为 285.90 万人，占全区常住人口的 39.69%，占比最高。

1.4.3　经济结构

2021 年，宁夏生产总值为 4 522.31 亿元。其中，第一产业增加值 364.48 亿元，增长 4.7%，两年平均增长 4.0%；第二产业增加值 2 021.55 亿元，增长 6.6%，两年平均增长 5.4%；第三产业增加值 2 136.28 亿元，增长 7.1%，两年平均增长 5.4%。

1.5　地表水资源

宁夏地表水具有量少、质差、空间分布不均、时间变率大等特点，境内多年平均年地表径流量为 9.493 亿 m³（未计黄河过境水），仅占全国河川年径流总量的 0.037%，径流模数为 1.83×10^4 m³/km²，只有全国平均值的 6%，人均占有量全国最少。

1.5.1　黄河

宁夏地区位于黄河中上游，除中卫市甘塘一带为内陆河流域区外，其余地区水系皆属黄河流域。盐池县东部为黄河流域内的闭流区，是鄂尔多斯内流区的一部分。

黄河自中卫南长滩入宁夏境内，至石嘴山市惠农区头道坎的北麻黄沟出境，在宁夏境内呈东北方向先后流经中卫市、吴忠市、银川市、石嘴山市。受黑山峡、青铜峡和鄂尔多斯台地三大投入节点的约束，呈一缩一放的葫芦状地貌，形成卫宁和银川两大平原，全河段由峡谷段、库区段和平原段三部分组成。峡谷段由黑山峡和石嘴山峡谷组成，总长 86.1 km，其中黑山峡峡谷段规划有黑山峡水利枢纽；库区段为青铜峡库区，自中宁枣园至青铜峡水利枢纽坝址，全长 44.1 km；平原段指沙坡头至枣园、青铜峡坝址至石嘴山大桥河段，总长 266.7 km，为宁夏黄河干流冲积性平原河道，黄河宁夏段全长 397 km，占黄河全长的 7.3%，黄河干流宁夏段总面积为 2.6 万 km²，多年平均过境水量为 306.8 亿 m³，是宁夏主要的供水水源。

1.5.2 主要入黄支流水系

宁夏地区黄河支流有祖厉河水系、清水河水系、苦水河水系、葫芦河水系、泾河水系及黄河两岸河沟。

（1）祖厉河水系位于西吉、海原两县境内，区内集水面积 597 km²，由甘肃省靖远县汇入黄河。

（2）清水河是宁夏境内汇入黄河的最大支流，地理坐标为东经 105°00′~107°07′，北纬 35°36′~37°37′，发源于固原市原州区开城乡黑刺沟垴，由南向北纵贯宁夏南部山区和中部干旱带的大部分地区，于中宁县泉眼山入黄河。清水河长 320 km，左岸支流有东至河、中河、苋麻河、西河、金鸡儿沟、长沙河 6 条；右岸有双井子沟、折死沟 2 条。涉及原州区、西吉县、海原县、同心县、中宁县、红寺堡区及中卫城区共 3 市 7 县（区），51 个乡镇。

（3）苦水河是宁夏境内仅次于清水河的黄河一级支流，发源于甘肃环县花石山一带的沙坡子沟垴，流经甘肃省环县和宁夏盐池县、红寺堡区、同心县、利通区，于新华桥镇华一村汇入黄河。苦水河主河道全长 223.8 km，流域总面积 5 218 km²，其中吴忠市境内主河道长 203 km，流域面积 3 541 km²，为干旱区季节性河流，径流量很少，水质差，多以暴雨洪水的形式出现。

（4）都思兔河属黄河一级支流，发源于内蒙古自治区鄂尔多斯市鄂托克旗察汗淖尔镇，流向自东向西，向西经鄂尔多斯高原，于内蒙古与宁夏交界处流入黄河。都思兔河在宁夏境内全长大约 9.5 km，宽 50~100 m，流域面积 8 321 km²，无支流汇入，其北、东、南三面均为地下水分水岭，西部以桌子山东界断裂为界。全年长时间干涸无水，下游有一定清水流量，水质不佳，宁夏人称之为苦水河或苦水沟。

（5）葫芦河属黄河二级支流，渭河一级支流。发源地在宁夏回族自治区西吉县月亮山南坡大泉沟垴，河源高程 2 550 m，自发源地曲折南流，过西吉县城、将台堡、兴隆镇等地，纵贯西吉县南北，流域主要支沟有 50 多条，左右岸依次纳入唐家河、马莲河、什字河、好水河、烂泥河等，将台堡上游建有张家嘴水库，支流上建有马莲川水库、什子路水库等。葫芦河在西吉县境内面积为 2 079 km²，其中葫芦河干流面积为 1 352 km²，河道平均比降 3.39‰。

（6）蒲河属黄河三级支流，源头位于宁陕县境内的秦岭主脊。东起黄花岭与柞水县交界，由此向西经沙沟岭、秦岭东梁、草垭子、光头山等高峰，西至天华山与佛坪县接壤。蒲河在宁陕县境内，平均径流深 430 mm，径流总量为 16 291 万 m³，平均流量为 5.1 m/s。

（7）茹河属黄河四级支流，发源于宁夏回族自治区固原市原州区开城乡水沟壕，由西向东经古城、彭阳、城阳在镇沟圈汇入蒲河，全长 92.8 km，流域面积为 2 088 km²，在镇原县交口河镇汇入蒲河，再入泾河进渭河、黄河奔向大海。茹河全长 171 km，流域总面积为 2 470 km²，宁夏占 15 km²。

1.5.3 主要入黄排水沟

全区有 22 条主要入黄排水沟，其中，中卫市 5 条、吴忠市 4 条、银川市 9 条、石嘴山市 4 条。

（1）第二排水沟是银川市九条重点入黄排水沟之一，地处北纬 38°23′25″~38°36′33″，东经 106°11′28″~106°32′8″。起点为金凤区芦草洼滞洪区，向东北方向依次穿永二干沟、银川南绕城高速公路、唐徕渠、京藏高速公路、汉延渠、惠农渠、滨河大道后从贺兰县汉佐村出境入黄河，全长 33.9 km。在兴庆区过境 11.8 km，途经永宁县、兴庆区、从唐徕渠入境途经胜利街、银古路、大新镇，从贺兰县汉佐村出境流入黄河，主要承担银川市第五污水处理厂排水、周边 29.5 万亩农田退水、村镇居民生活污水排放及芦草洼滞洪区泄洪流量。贺兰县段 22.1 km。流域面积为 287 km²，日均排水量 20 万 m³，承担着的农田排水、芦草洼滞洪区泄洪及沿渠退水任务，主要汇入的排水沟道有红旗沟、二二支沟、四三支沟等，流域内湿地湖泊有七子连湖、段家湖、徕龙公园湖、獐子湖、周家大湖、赵家湖、鸣翠湖等。

（2）银新干沟起点为贺兰山路公路桥，向东沿贺兰山东路至友爱路（小中沟）转北，从贺兰县城区习岗路至贺兰县快速通道，从贺兰县城区习岗路至贺兰县快速通道，沿快速通道北侧至通伏三队处穿滨河大道后入第二排水沟，全长 21.162 km，是构成银川市城市防洪体系的重要洪水排泄通道之一。从二二支沟穿贺兰山路涵洞处至八里桥公路桥属兴庆区辖区，长 3.7 km；从八里桥公路桥通伏三队处穿滨河大道后入第二排水沟属贺兰县辖区，长 18.19 km。沿线汇入支沟主要有小中沟、四二支沟、四三支沟，控制排水面积 82.7 m²（12.4 万亩）。主要承纳兴庆区北部排污、贺兰县城区（包含德胜工业园区）排污、农田排水以及雨水径流，流域面积为 237.2 km²。沿线共有两处城市排水系统：一是银川市兴庆区北部三座污水提升泵站（西门排水泵站、北门排水泵站、北二环排水泵站），将兴庆区北部城市污水提升后排入城市四排至银川市第一污水处理厂排入银新干沟；二是贺兰县城区排水三座污水提升泵站（北环路泵站、居安街泵站、虹桥路泵站），通过贺兰县习岗路边的集水管道桩号 4+006 处排入银新干沟，美洁纸业污水处理厂污水经处理后排入银新干沟。

（3）四二干沟流经西夏区、金凤区、贺兰县，始于西干渠方家圈退水闸，向北穿越第二农场渠渡槽，至立岗镇先进村北汇入第四排水沟，最后汇入黄河，全长 65 km，流域面积为 224 km²。主要接纳银川市第二、三、四、六污水处理厂，宝塔石化废水以及沿线农田退水等。四二干沟金凤区段西始包兰铁路，北至第二农场渠，全长 21.981 km，沿线共有 3 条支沟汇入，分别为丰庆沟、芦花沟、解放沟，其中芦花沟水源是由西湖挡浸沟汇入，西湖挡浸沟主要承担的银川市第四污水处理厂出水。沿线面源污染源主要有农业面源污染、农村生活面源污染、城市小区生活污水污染、畜禽养殖和水产养殖污染等。

（4）永二干沟地处北纬 38°24′20″~38°24′57″，东经 106°14′6″~106°27′54″之间，自第二排水沟桩号 4+210 起始，向东穿唐徕渠、109 国道、汉延渠、惠农渠，最后至兴庆区掌政镇永固村入黄河，总长 33.2 km，流域面积为 178.6 km²。其中沟头至滨河大道段长 21.5 km，滨河大道至末梢段长 11.7 km。唐徕渠上游沟道属永宁县辖区，长 3.01 km；右岸属永宁县辖区，长 6.13 km；唐徕渠至春林村左岸属兴庆区辖区，长 24.07 km。流域内主要灌溉渠道有唐徕渠、大新渠、汉延渠、惠农渠等，主要汇入的排水沟道有板桥沟、长湖沟、四三支沟、四三二分沟等，流域内湿地湖泊有银子湖、段家湖、徕龙公园湖、獐子湖、周家大湖、赵家湖、鸣翠湖等，主要接纳永宁县第二污水处理厂排水、掌政镇污水处理厂排水、农田退水及沿线村镇居民生活污水。

（5）中干沟位于永宁县境内，起点位于永宁县望洪镇北渠村，沿永黄公路向东北方向蔓延，穿京藏高速、汉延渠、G109 国道、惠农渠、滨河路后向东入黄河，全长 34.28 km，流域面积为 160 km²，日均排水量 17 万 m³，主要接纳沿沟伊品生物、紫荆花纸业工业废水和永宁县第一污水处理厂废水、贺兰山东麓防洪体系泄洪及沿线农田退水等。

（6）灵武东沟南起南大沟王嘴子处，与南大沟连通（建有节水闸），南北走向，向北流经崇兴镇、东塔镇、梧桐树乡、灵武农场，于临河镇二道沟汇入黄河，全长31.8 km，流域面积202 km²，日均排水量24万m³，主要接纳灵武市污水处理厂和羊绒工业园区污水处理厂废水、农田退水以及农村生活污水（梧桐树乡、临河镇等约20万人）等。

（7）第三排水沟全长72.22 km，其中平罗段37.67 km，惠农段34.55 km。河道下段设计排洪流量86.24 m³/s，河道最大排洪流量为120 m³/s，农田排水流量为2.55~31.55 m³/s。第三排水沟沿途接纳了排泄贺兰县、平罗县、惠农区及农垦系统农田排水、贺兰山东麓山洪排泄，平罗太沙工业园区、贺兰县洪广镇暖泉工业区等工业废水、生活污水和农田退水，水量大、跨度长、污染点源多、治理难度大。主要支沟有三二支沟和三三支沟，其中三二支沟是三排最大的一条支沟，控制排水面积为140 km²。三三支沟位于惠农区，全长10.2 km，起始于国营简泉农场与燕子墩的分界线，穿高庙湖、过包兰铁路，在惠农区西永固西侧入三排，主要承担简泉农场与燕子墩包兰铁路以西的农田排水，兼泄山洪，控制排水面积33.33 km²。

（8）三二支沟是第三排水沟最大的一条支沟，起始于贺兰县常信乡五渠村，于平罗县西北威镇湖附近汇入第三排水沟，全长39.2 km，其中，贺兰县境内10 km，平罗县、大武口区境内29.2 km，主要控制第二农场渠及其支干渠中线东干渠之间的排水面积，同时还肩负着沿线以西地段贺兰山山洪排泄和暖泉工业园区的工业废水的收纳，保护包兰铁路安全的任务。沿岸居民区有多个食品加工及生产作坊私设排污口，将生产废水排放入沟，沟边水产养殖、养猪、养牛等畜禽养殖场多。

（9）第五排水沟起源于平罗县姚伏镇沙渠村六队的南大湖，排水面积546 km²，流经平罗县、惠农区，在惠农区与第三排水沟汇合后流入黄河，河道总长68.7 km。平罗县境内长49.0 km，惠农区境内长19.7 km，主要承担排泄平罗县、惠农区农田排水和惠农区红果子镇（原惠农县城）生活污水，农产品加工企业废水，是银北地区沟线较长、排水量最大的一条干沟。

（10）南干沟地处吴忠市利通区西南部，发源于牛首山东麓东干渠北边，是吴忠市青铜峡市和利通区主要的入黄排水沟之一，沟头起始于东干渠以北、侯余公路北侧谭桥村四队附近，途经汉渠、马莲渠、波浪渠、秦渠后，于利通区早元乡罗家湖汇入黄河，全长14.21 km，流域面积为123.6 km²，主要承担着利通区、青铜峡市灌区60.47 km²的农田排水、灌区内暴雨洪水、沿岸中小企业工业废水、城镇居民生活污水以及上游曹家大沟山洪排泄任务。沿线有城镇污水处理厂排污口有 1 个，为吴忠市第三污水处理厂排口。

（11）清水沟位于东经 106°08′32.3″，北纬 37°50′23.1″，发源于利通区牛首山东麓东干渠北边，上游有黄羊子沟、扁担沟洪水经东干渠泄水闸排入清水沟，由南向北穿越黄河冲积平原，经利通区高闸镇、马莲渠乡、金银滩镇、巴浪湖农场、上桥镇、郭家桥乡、东塔寺乡、古城镇，至吴忠市利通区古城镇党家河村注入黄河。清水沟控制流域面积为 307.73 km²，全长 27.267 km，沿途有 86 条灌溉退水沟道汇入其中。其中较大的沟道有位于左岸的清四至清七沟、牛毛湖沟，位于右岸的周闸大沟、贡碑沟、中档子沟、闸板子湖沟等。清水沟主要承担流域内产生的暴雨洪水、利通区及灵武市 9 个乡镇 209.44 km² 耕地的灌溉退水、河道两岸中小企业和城乡居民生产生活污水。沿线有城镇污水处理厂排污口有 1 个，为吴忠市第二污水处理厂排放口；工业污水处理厂排污口有 1 个，为宁夏清碧源环保科技有限公司排水口。

（12）罗家河是青铜峡市主要的入黄排水沟之一，南起青铜峡市大坝镇上滩村，由南向北流经大坝镇、小坝镇、陈袁滩镇、叶盛镇，共 4 个镇 13 个行政村，从青铜峡市叶盛镇地三村流入黄河，总长 29.9 km，承担着沿线镇村 65.61 km² 农田的排水任务，同时当黄河有汛情时，还承担着汛期黄河的分洪排洪任务。沿线有城镇污水处理厂排污口有 2 个，分别为青铜峡市第一污水处理厂排口、青铜峡第二污水处理厂排口；农业农村排污口有 3 个，分别为叶盛镇集镇生活污水处理站排口、大坝镇中庄新居生活污水处理站和瞿靖镇农村污水处理站排口。

（13）中卫市第一排水沟位于沙坡头灌区北边，西起高墩湖，自西向东流经沙坡头区迎水桥、东园、镇罗镇，于中宁县的余丁乡永兴村汇入黄河。沟道长 36.5 km，其中沙坡头区境内 34.8 km，中宁县境内 1.7 km。沿途有第二排水沟、第三排水沟及中沟三条排水干沟及 131 条斗、农沟汇入，控制排水面积为 176.76 km²，年均排水流量为 12 m³/s。承担农田灌溉排水，东镇渠、镇罗常家渠灌溉引水任务。

（14）中卫市第四排水沟西起沙坡头区迎水桥镇，流经沙坡头区文昌等 5 个乡镇，于罗镇河沟村入跃进渠，总长 20.66 km，其中穿市区段 5.8 km（机场路至宁钢大道，已于 2003 年改为暗涵）。该沟道既担负着沿线 4.5 万亩农田排水及下游柔远及镇罗地区 11.14 km² 农田灌溉水源的补水任务，又承担着迎水桥镇及污水处理厂中水排放任务。

（15）北河子沟是中宁县域内第二大排水干沟，位于卫宁灌区中宁河南灌域中部，处在中宁县柳青渠与康滩渠中间，由黄河古河槽形成，源头在泉眼山东北，流经中宁县舟塔乡、宁安镇、鸣沙镇等16个村，至鸣沙镇入黄河。全长23.25 km，其中，舟塔乡10.55 km，宁安镇16.5 km，鸣沙镇3.5 km，排水面积为46.4 km²（6.96万亩），主要承担着沿线农田的排渍和排涝及中宁县第一污水处理厂废水。

（16）中卫第九排水沟位于黄河右岸沙坡头区永康、宣和镇境内，地处东经105°19′38.81″~105°31′57.52″，北纬37°28′42.91″~37°29′44.43″，海拔1 188~1 210 m，地势呈西高东低，自南至北向黄河倾斜，自然地形坡降1/1 000~1/2 000，自然排水条件好，现状沟底宽1.5~5.0 m，沟深24.5 m。沟道西起永康村，向东流经永康、沙滩、徐庄、福堂、福兴、何营、赵滩、张洪、宏爱、马滩村，于马滩村汇入清水河，最终流入黄河。沟道流经10个行政村，总长19.70 km（永康镇段长6.3 km，宣和镇段长13.4 km），沿途有宣和挡浸沟、第六排水沟（主要接纳中卫市第四污水处理厂排水）、第八排水沟3条干沟（第八排水沟于桩号K16+000处汇入第九排水沟，第六排水汇入宣和挡浸沟后，最终于桩号K17+800处汇入第九排水沟）及支农沟163条汇入，控制农田排水面积63.63 km²，第九排水沟最终汇入清水河。

（17）红柳沟发源于红寺堡区小罗山西侧，在中宁县鸣沙镇经养马弯汇入南河子后流入黄河。该沟流域面积1 064 km²，沟长107 km，其中中宁县境内流程约20 km，高程1 200~2 000 m，沟道平均比降4.74%。该沟常年径流不断，沟道下游易受灌区回归水、红寺堡扬水干渠退水和七星渠退水的水沙影响。

（18）吴忠第一排水沟起源于青铜峡市邵岗镇东方红村，途经唐徕渠、汉延渠后经永宁县汇入黄河。青铜峡市境内长12.4 km，流域面积为103 km²，流经青铜峡市境内邵岗镇东方红村、玉泉村、邵西村、二旗村、下桥村及沙湖村共6个行政村，主要承担着青铜峡市和永宁县灌区264.80 km²的农田排水、排涝及西干渠通过玉泉营退水闸洪水下泄和承泄汉延渠退水的任务。沿线有农业农村排污口有1个，是莲湖农场污水处理站排口。

（19）永清沟自青植路唐徕渠西侧起，向东北方向延伸至关平公路后沿关平公路南侧向东延伸，穿唐徕渠后沿关平公路北侧布置，途经胜利乡继续向东北方向延伸途经望远工业园区域穿109国道、汉延渠渡槽、惠农渠涵洞及滨河大道后转向东北汇入黄河，全长 33.30 km。其中沟头至望滨路（桩号 0+000~24+095）属永宁辖区，长 24.09 km；望滨路至黄河（桩号 24+905~33+300）属兴庆区范围，长 9.21 km，途经永南村、碱富桥村、强家庙村 3 个行政村，主要承担着沿线农田排水、唐徕渠泄洪、汉延渠退水、望远工业园区及城市排水的任务，农田排水面积为 138.74 km²。

（20）北大沟自贺兰县立岗镇永华村起始，向东穿滨河路后汇入黄河，全长 9.3 km，为农田排水沟道，排水面积为 5.0 万亩。

（21）大河子沟与大河子沟泄洪沟系、天地沟、井沟、大马蹄沟、小马蹄沟、道坡沟组成大河子沟水系，发源于灵武市磁窑堡大丘山岭，主沟自东向西贯穿灵武市，至灵武北部临河镇二道沟汇入灵武东沟入黄河，沟道长 56 km，流域面积为 874 km²。大河子沟水系是历史形成的自然泄洪沟，目前来水主要为宁东周边雨水及地下渗水。

（22）南河子沟位于中宁县黄河右岸东侧，发源于中宁县泉眼山东山麓，自西向东至鸣沙镇鸣沙村入红柳沟后汇入黄河，全长 33.7 km，接纳山洪沟道排洪总面积为 1 452 km²，其中灌溉排水面积为 110.72 km²，其余为山洪沟道排洪面积。主要是灌溉排水和右岸诸山洪沟排洪及宁夏水投环保发展有限公司第三污水处理厂排水。

1.5.4 沿黄重要湖库

全区沿黄重要湖库有阅海、典农河、鸣翠湖、沙湖、清宁河和香山湖。

（1）阅海湖旧称大西湖，地处银川平原中部，位于宁夏银川市金凤区西北部 5 km，地理位置为东经 106°19′~106°30′，北纬 38°50′~38°59′，距市中心仅 3 km，南起典农河北京路码头，北通银川市绕城高速，是由天然大小西湖经人工开挖、连通、疏浚而形成的中型湖泊。南北长 10 km，东西平均宽 2.7 km，南窄北宽，形状呈倒梯形，总面积为 16.44 km²，其中湖泊面积为 8.00 km²，占总湿地面积的 48.7%，水深 2.5~3.0 m；沼泽面积为 4.95 km²，占湿地总面积的 30.1%，水深 0.2~0.8 m。阅海湖是银川平原典型的淡水湖，位于银川平原冲积二级阶地，是银川市原始地貌中保持较为完整的一块湿地，曾经是广阔的天然湖泊湿地，由于地处西北干旱半干旱地区，干旱少雨的气候使得阅海湖每年需接受大量补水来维持湖泊水量平衡，从而逐渐发展为人工补给型湖泊。

（2）典农河于 2003 年开工建设，2005 年投入运行，2008 年全面建成，南起永宁县境内的新桥滞洪区；北至石嘴山市惠农区园艺镇石嘴子公园的滨河广场处流入黄河，横跨永宁县、兴庆区、金凤区、贺兰县、平罗县、惠农区等 6 县（区）；西自贺兰山宁蒙两省边界；东至唐徕渠、惠农渠，全长 180.5 km。流域涵盖贺兰山东麓 1 200 m 等高线以上的山地及 1 200 m 等高线以下至唐徕渠、惠农渠的青铜峡河西灌区，流域面积为 4 391 km²。沿线接引了第二排水沟、平二支沟、四二干沟、南梁沟、第三排水沟等多条排水沟，串起七子连湖、关湖、华雁湖、大盐湖、万家湖、北塔湖、阅海等 10 多个湖泊湿地，河湖水域面积近 46.69 km²，主要水源有农田排水、渠道退水、生态补水和雨洪水等。

（3）鸣翠湖是永久性淡水湖泊，是我国第三大湿地公园，位于银川市兴庆区掌政镇，东距黄河 3.0 km，南距河东机场 5.2 km，西距银川市城区 9.0 km，北距贺兰县金贵镇 10.3 km，地理坐标为东经 106°23′7″~106°29′32″，北纬 38°21′3″~38°25′30″，平均海拔 1 104~1 110 m。鸣翠湖水面面积大，补水来源主要为惠农渠和汉延渠。由于鸣翠湖的特殊地理条件，对维护区域生物多样性、调节气候、涵养水源起到了重要作用，非常适合鸟类栖息繁殖。

（4）沙湖位于石嘴山市平罗县境内，海拔 1 096~1 100 m，面积为 13.96 km²，平均深度 2.2 m，是宁夏区内最大的半咸水闭口型湖泊。地处贺兰山和鄂尔多斯高原之间的陷落地堑中部，西部为贺兰山，地形自贺兰山麓向东部平原区倾斜，地面坡度为 1/26~1/118，属银川平原"西大滩碟形洼地"地貌。补水来源主要有引黄灌溉入渗补给、洪水散失补给、湖泊渗漏补给、贺兰山前地下水侧向径流补给和大气降水入渗补给。

（5）清宁河起于利通区秦渠，止于滨河大道与京藏高速交接处，流经利通区板桥乡、古城镇，全长 9.62 km，主要承担市区水源地水源补给、城市防洪排涝、休闲观光等任务，占地面积 2.42 km²，其中水域面积 1.00 km²，涵养林面积 1.43 km²，森林郁闭度 0.30~0.65。2018 年吴忠市对清宁河进行治理，对清宁河养殖湖泊进行了收回，并将清宁河原有的水进行抽干、晒塘，水质有了很大改善。2021 年宁夏取消了黄河水作为清宁河的主要生态补水来源，造成连续 8 个月干涸，2022 年 3 月开始将罗家湖（南干沟入黄口人工湿地）作为清宁河补水水源。

（6）香山湖位于中卫市城区南侧，北起平安东路，南至滨河北路，东起怀远南街，西至鼓楼南街，总占地面积 1.34 km²，其中水域面积 0.53 km²，水源为黄河水，灌溉期间自一支干渠引水，非灌溉期间采用补水泵站补水，补水泵站自黄河提水，通过应理湖引水至香山湖。香山湖紧邻应理湖，位于应理湖东侧，两湖之间仅相隔鼓楼南街，隔街相望。

第二章　新污染物选择与评估

2.1　新污染物概况

新污染物（Emerging Contaminants，ECs）不同于常规污染物，是指新近发现或被关注，尚未纳入管理或者现有管理措施不足以有效防控其风险的污染物，具有生物毒性、环境持久性、生物累积性等特征，在环境中即使浓度较低，也可能有显著的环境与健康风险，其危害具有潜在性和隐蔽性。新污染物种类繁多，目前全球关注的新污染物超过20大类、每一类又包含数十或上百种化学物质，常见的有阿片类、氨基糖苷类、巴比妥类、苯胺类、苯二氮卓类、表面活性剂、除草剂、醇类、大环内酯类、多环芳烃、芳香酸、防锈油（脂）类、酚类、硅氧烷、磺胺类、挥发性有机物、降糖、降压、降脂类及精神类药物、胶黏剂、菊酯类、聚醚类、卡西酮类、抗焦虑药、抗菌、抗抑郁、抗肿瘤类药物、喹诺酮类、醌类、磷系阻燃剂、卤代单环芳烃、氯咔唑类、氯霉素、氯系阻燃剂、麻醉剂、吗啡烷类、霉菌毒素、咪唑类、内分泌、生殖与代谢药物、偶氮染料、全氟化合物、醛酮类、润滑添加剂、杀虫剂、杀菌防腐剂、杀菌剂、杀螨剂、杀鼠剂、麝香、生物毒素、食品添加剂、瘦肉精类、四环素、塑化剂、酸类、头孢类、烷基酚、香豆素类、香料、消毒副产物、消炎药、硝基苯类、降血脂药、雄激素拮抗剂、溴系阻燃剂、亚硝胺类、烟碱、有机磷农药类、有机氯农药类、有机酸、甾体激素类、造影剂、镇静催眠药巴比妥类、镇静剂、植物生长调节剂、酯类及紫外线吸收剂等。

随着对环境和健康危害认识的不断深入以及环境监测技术的不断发展，可被识别出的新污染物持续增加。研究表明，多种新污染物在污水处理厂、河流湖泊和沉积物、农田、地下水甚至饮用水中检出。这些污染物对自然界中生物的生存造成威胁，然而目前关于新污染物对水生态及人体健康风险评估的研究较少，因此进一步开展其生态风险研究十分必要。

2.2 新污染物选择

按照 2022 年 6 月 1 日国务院办公厅印发的《新污染物治理行动方案》中的要求，优先在黄河、重点饮用水源周边开展环境内分泌干扰素、抗生素等重点管控新污染物监测。2022 年 10 月生态环境部发布重点管控新污染物清单，包含全氟辛基磺酸氟、全氟辛酸及相关化合物、二氯甲烷、三氯甲烷、壬基酚、抗生素、三氯杀螨醇等 14 种类污染物。为落实党中央、国务院关于"重视新污染物治理"的要求，有效评估和管控新污染物环境与健康风险，全面支撑《新污染物治理行动方案》顺利实施，国家制定了《新污染物监测方案》和《新污染物调查监测试点样品采集流转和保存技术规定》，明确了全氟化合物、抗生素、烷基酚、挥发性有机物及有机氯农药等新污染物的样品现场采集规范及实验室分析方法。

新污染物种类繁多，在环境中含量很低，且许多新污染物的分析方法、标样标物还不健全，质量控制指标不全面，实验室分析测试存在很多困难。由于重点管控的新污染物全氟辛基磺酸和全氟辛酸及相关化合物属于全氟类化合物，二氯甲烷和三氯甲烷属于挥发性有机物，壬基酚属于烷基酚，三氯杀螨醇属于有机氯农药，结合项目经费及新污染物监测治理要求，本项目对黄河流域宁夏段水环境开展有机磷酸酯类、抗生素、全氟化合物、挥发性有机物、酞酸酯、有机氯农药及烷基酚的监测和评估。

2.2.1 有机磷酸酯

有机磷酸酯（Organophosphate esters，OPEs）是近年新兴的一种阻燃剂，用于替代多氯联苯（Polychlorinated biphenyls，PCBs）、多溴联苯酸（Polybrominated diphenyl ethers，PBDEs）等难降解、对人体健康具有潜在危害的有机卤素阻燃剂，广泛用于食品包装、建筑材料、电子设备、橡胶制品和纺织品等产品中，起到阻燃作用和增塑效果。

OPEs 可根据取代基的不同分为烷基磷酸酯、氯代磷酸酯和芳香磷酸酯，其中氯代磷酸酯主要用作阻燃剂，烷基磷酸酯和芳香磷酸酯用作增塑剂，兼具阻燃作用。考虑氯代磷酸酯的强生物毒性和环境持久性，欧盟于1995年，将磷酸三（2-氯乙基）酯列入第二类优先污染物，2000年，又将磷酸三（2-氯丙基）酯、磷酸三（1，3-二氯异丙基）酯列入第四批优先污染物。

OPEs以物理的方式添加到材料中，很容易通过挥发、产品磨损、泄漏等方式进入环境。因而在水体、沉积物、大气和室内空气等环境介质，甚至在蔬菜、动物体内及人类血液、尿液、母乳中都检测到OPEs。地表水中OPEs主要来自产品泄漏和挥发、污水处理厂的排放、农业塑料薄膜的大量使用、垃圾渗滤液的流入、大气沉降和地表冲刷等。污水中普遍含有较高浓度的OPEs，且被认为是地表水中OPEs的主要来源。有研究表明污水处理厂中仅有50%的OPEs被有效去除，剩余的OPEs会随出水直接和间接排放到地表水中。研究发现，我国松花江、珠江、太湖、长江等地表水中均有OPEs检出。

黄河生态经济带人口聚集，纺织、印染、电镀、医药和化工等企业发展迅速，人类活动对水环境的影响较大，尤其是在入黄排污口取缔前，大量废水排入黄河，均是与OPEs相关的主导产业，对于难降解的氯代磷酸酯来说存在很大风险。但目前为止，还没有系统地开展黄河宁夏段水环境OPEs的环境赋存底数研究。

2.2.2 抗生素

抗生素广泛用于人类疾病的预防与治疗、农牧与水产养殖业等，具有种类多、化学结构复杂、作用范围广等特性，主要包括四环素类、磺胺类、喹诺酮类、大环内酯类、氯霉素类、β-内酰胺类、氨基糖苷类等。四环素类抗生素（Tetracyclines，TCs）主要包括四环素、土霉素、金霉素等，在酸性、碱性环境中均不稳定；磺胺类抗生素（Sulfonamides，SAs）有磺胺甲噁唑、磺胺异噁唑、磺胺嘧啶等，化学性质稳定、产量大、使用量大；喹诺酮类抗生素（Quinolones，QNs）有氧氟沙星、诺氟沙星、环丙沙星等；大环内酯类抗生素（Macrolides，MAs）有罗红霉素、红霉素、克拉霉素等；氯霉素类抗生素（Chloramphenicoles，CPs）包括氯霉素、甲砜霉素等。

抗生素在生物体内的吸收或代谢有限，大量未被吸收的抗生素通过人畜排泄、废水排放、医疗垃圾等途径以其原始形态或活性代谢产物形式直接或间接排入地表水环境中。研究表明，我国地表水、地下水、自来水、污水、沉积物、土壤、污泥及水生生物中均有抗生素检出，其中地表水中的抗生素检出浓度最高。虽然抗生素对人类、畜类疾病的预防和治疗做出了巨大贡献，但环境中过量的抗生素会造成敏感性微生物死亡，产生耐药性微生物，破坏生态系统平衡。因此，禁止滥用和限制排放抗生素已刻不容缓。环境中抗生素的浓度水平、分布状况、迁移规律及生态毒性等是当前国内国际研究的热点问题。

2.2.3　全氟化合物

全氟化合物（Perfluorinated compounds，PFCs）是一类烷基链上的氢原子全部或部分被氟原子取代，并在氟化链末端连接不同类型官能团的化合物。因其具有优良的疏水疏油性能、化学稳定性以及高的表面活性等特点，广泛应用于化学工业、机械工业、纺织业、造纸业以及家庭用品等领域。按照末端官能团的不同，PFCs 又可以分为全氟烷基羧酸（Perfluorocarboxylic acids，PFCAs）和全氟烷基磺酸（Perfluoroalkanesulfonic acids，PFSAs）两种。由于其特殊的稳定性和生物蓄积性而难以在生物体内降解或代谢，美国等国家和地区已陆续制定了相关规定来限制 PFCs 的生产和使用。

目前，研究发现的 PFCs 以 8 个碳链为主，其中最主要的是 PFOA 和 PFOS，也是其前驱体和衍生物类产品在环境中最稳定的转化产物。2000 年，美国 3M 公司宣布停止继续生产和应用 PFOS 及其相关物质；2005 年，美国环境保护署（USEPA）将 PFOA 列为"可疑性致癌物质"；2006 年 12 月欧洲对 PFOS 的生产销售和使用也发布了限制法令；2009 年 5 月在瑞士日内瓦举行的斯德哥尔摩公约缔约方大会第四届会议（COP4）上将 PFOS 及其盐类为代表的 9 种 PFASs 列入《关于持久性有机污染物的斯德哥尔摩公约》，禁止生产和使用；2014 年 6 月世界卫生组织国际癌症研究所将全氟辛烷羧酸及其盐类（PFOA/PFO）划分为 2B 类（人类可疑致癌物）；2020 年 6 月，欧盟修订了新 POPs 法规，将 PFOA 及其盐类增加为必须采取措施消除生产和使用的物质。2021 年 7 月，国家卫生健康委员会环境健康标准专业委员会出台《生活饮用水卫生标准》，该标准中首次将 2 种全氟化合物（全氟辛酸和全氟辛烷磺酸）纳入生活饮用水水质参考指标，其限值分别为 80 ng/L 和 40 ng/L，宁夏至今并未开展此类研究工作。

2.2.4　烷基酚

烷基酚（Alkylphenol，AP）是一类工业合成的内分泌干扰物，具有毒性、生物累积性、雌激素活性和持久性，主要来源于烷基酚聚氧乙烯醚（Alkylphenol ethoxylates，APEOs）的降解。APEOs 是一种生产生活常用的表面活性剂，广泛添加在洗涤剂、除草剂、杀虫剂、塑料添加剂、乳化剂、润湿剂、涂料助剂、化妆品等中，通过水体进入环境，最常用的是壬基酚聚氧乙烯醚（Nonylphenol ethoxylates，NPEOs）和辛基酚聚氧乙烯醚（Octylphenol ethoxylates，OPEOs），其中 NPEOs 约占 85%。APEOs 本身的毒性较小，没有明显的雌激素效应，但在环境中不稳定，容易降解成稳定性强的烷基酚（AP）及其低分子聚合物。与 APEOs 相比，AP 的水溶性降低，脂溶性增强，毒性也明显增加。研究表明，AP 主要通过污水处理厂废水和污泥排放进入环境，我国污水处理设施对 AP 的处理效率较低，大量 AP 吸附在有机物和颗粒物表面，沉降到泥渣中，最后排入环境。

AP 自 20 世纪 50 年代问世以来，已经有半个世纪的生产使用历史，因此在地表水、地下水、大气、土壤及食品均有检出的报道。荷兰、英国、德国、美国等欧美工业发达国家从 20 世纪 80 年代开始对烷基酚的浓度分布和环境行为进行研究，日本、欧盟、加拿大等国家已将其列为优先控制污染物。我国从 2000 年以后开始大范围调查监测，但还没有任何相关的法规限制此类污染物的使用和排放。目前烷基酚在环境中的分布、迁移转化等环境行为及其环境生态风险是国内外研究的热点问题。

2.2.5 酞酸酯

酞酸酯又称邻苯二甲酸酯类化合物（PAEs），是一种重要的化工原料，也是一种环境雌激素，广泛用作塑料助剂、油漆溶剂、合成橡胶和涂料等的增塑剂以及农药载体、驱虫剂、化妆品、香味品、润滑剂、去泡剂的生产原料。由其用途可知，PAEs 的需求量大，是一种全球性污染物。据不完全统计，全球每年酞酸酯类化合物的使用量在 820 万吨以上，其中有 1% 以上进入到环境中。尤其是塑料制品生产，添加的 PAEs 呈游离状态，会因使用、磨损等不断从塑料中释放出来，污染环境。

研究指出，PAEs 具有环境雌激素效应，会干扰内分泌物质的合成、运输、代谢等，对生物和人类的生殖系统造成影响。因而，美国国家环保局（EPA）已将邻苯二甲酸（2-乙基己基）酯、邻苯二甲酸二辛酯、邻苯二甲酸丁基苄基酯、邻苯二甲酸二丁酯、邻苯二甲酸二乙酯、邻苯二甲酸二甲酯等 6 种酞酸酯类化合物列为优先控制的有毒污染物。我国也将邻苯二甲酸二甲酯、邻苯二甲酸二乙酯和邻苯二甲酸二辛酯三种酞酸酯类化合物确定为环境优先控制污染物。

PAEs 难降解，而且是疏水性物质，易吸附在生物碎片、矿物质等悬浮物上，只有极少的 PAEs 被生物降解，但生物转化速率很低，更多的是在生物体内积累。目前，已在大气、水、土壤、沉积物等环境介质中普遍检出，且含量较高。我国对 PAEs 的研究起步较晚，1980 年后才陆续出现有关 PAEs 污染情况的研究，生物毒性及致畸性是目前国内外研究的热点问题。

2.2.6 有机氯农药

有机氯农药（OCPs）是一类典型的持久性有机污染物（POPs），曾作为一种广谱杀虫剂被广泛用于防治植物病虫害。由于其在环境中具有致癌性、生殖毒性、神经毒性、远距离迁移和半挥发性，被许多国家禁止生产和使用。2001 年，包括中国在内的 151 个国家及地区共同签署了《关于持久性有机污染物的斯德哥尔摩公约》，将六氯苯、灭蚁灵、氯丹、七氯、毒杀芬、艾氏剂、狄氏剂、异狄氏剂及滴滴涕等 9 种 OCPs 列入首批优先控制污染物名录，随后在 2009 年、2011 年的《斯德哥尔摩公约》第四次、第五次大会又增加了 α-六六六、β-六六六、γ-六六六及硫丹。我国目前禁止生产和使用的 OCPs 有滴滴涕、艾氏剂、氯丹、α-六六六、β-六六六、林丹、狄氏剂、异狄氏剂、七氯、灭蚁灵、毒杀芬、六氯苯、五氯苯、十氯酮及硫丹等 15 种。

尽管在 20 世纪 80 年代以后，中国及其他很多国家开始禁止部分 OCPs 的生产和使用，但 OCPs 的曾使用量大，降解缓慢，在土壤、大气、水环境中均有检出的报道。我国曾大量生产使用的 OCPs 有滴滴涕、硫丹、六六六、氯丹及六氯苯，合成、使用最多的是滴滴涕和六六六。我国是农业生产大国，OCPs 的使用基数大，且禁用时间比发达国家晚了十几年，因此，OCPs 的残留对环境和生态系统的影响还需进一步研究。当前，OCPs 在环境中的赋存关系及对生态、人体健康的影响是国内外研究的热点问题。

2.2.7 挥发性有机物

挥发性有机物（Volatile Organic Compounds，简写为 VOCs）是沸点在 50~260 ℃之间的有机化合物，是继 SO_2、NOx 之后，普遍受到世界各国重视的大气污染物，具有毒性和致癌作用，影响人体健康。常见的 VOCs 有烷烃类（正己烷、环己烷等）、烯烃类（1，3-丁二烯等）、卤代烃类（氟利昂 113、二氯甲烷等）、芳香烃类（苯、甲苯等）、酯类（乙酸乙酯、乙酸丁酯等）、醛类（甲醛、乙醛等）、酮类（丙酮、丁酮等）和其他（甲硫醇、二甲二硫等）等八类。

2.3　新污染物评估

随着社会、经济的快速发展，大量人工合成的化合物通过生产、使用等过程进入环境中，对生态环境造成潜在威胁。考虑污染物在生物体内的生物积累和潜在危害性，对其产生的环境风险进行有效的评估。常见的评估有健康风险评估（Health risk assessment，HRA）、生态风险评估（Ecological risk assessment，ERA）等。

2.3.1　生态风险评估

生态风险评估是量化有毒污染物对生态环境造成危害的重要方法。通常对某个单一化合物进行毒性效应评估采用风险熵值（Hazard quotient，HQ）法，即通过实际检测或者利用模型预测出的环境中该化合物的浓度与表明此物质胁迫程度的毒理数值（PNEC）相比，得到风险熵值（HQ）。熵值法的精确性较低，一般使用在较低水平的风险评估或者粗略估计物质对环境的风险程度。预测无效应浓度（Predicted no effect concentration，PNEC）通常利用无观察效应浓度（No observed effect concentration，NOEC）来计算，当化合物缺乏 NOEC 值，通常以急性毒性数据为依据进行推导。

本课题根据欧洲技术指南（European technical guidance document，TGD），采用风险熵值法评估黄河流域宁夏段水环境新污染物的生态风险，计算公式如下：

$$HQ = EC/PNEC$$

$$PNEC = L(E)C_{50}/AF$$

式中，EC（environmental concentration）为环境中污染物的测量浓度，$mg \cdot L^{-1}$；$PNEC$（predicted no effect concentration）为对应目标化合物的预测无效应浓度，$mg \cdot L^{-1}$；$L(E)C_{50}$ 为供试生物的半数致死（效应）浓度，由查阅的相关研究获得；AF（assessment factor）为评价因子，根据欧盟水框架指令 AF 取 1~5。当 HQ<0.01，表明该污染物对生态环境无风险；0.01≤HQ<0.1，表明该污染物对生态环境时有较低的风险；0.1≤HQ<1，表明该污染物对生态环境有中等风险；当 HQ≥1，表明该污染物对生态环境存在较高的风险。

2.3.2　健康风险评估

健康风险评估（Health risk assessment，HRA）是定量描述污染物对人体健康产生的危害风险，包括饮水途径健康风险评估、皮肤接触途径健康风险评估及其叠加模式。黄河作为重要的饮用水水源，饮用水的摄入是人群暴露新污染物的可能途径之一，因此本课题采用饮水摄入评估新污染物对周边居民的健康风险。目前，国内外研究水中有毒物质通过饮水途径对人体健康造成的危害一般采用美国环境保护署（USEPA）推荐的健康风险评价模型计算健康风险值（Health ratio，HR）进行评估。具体计算公式如下：

$$HR=ADD/RfD$$

$$ADD=c×IR×AP/BW$$

式中，ADD 表示饮用水中污染物的单位体重日摄入量，$ng·kg^{-1}·d^{-1}$；饮水途径参考剂量（RfD）采用 USEPA 公布的数据；c 表示饮用水中污染物的测定浓度，$ng·L^{-1}$；IR 表示日均总饮水摄入量，$L·d^{-1}$；AP 表示饮水吸收率，这里取 100%；BW 为体重，kg。当 HR>1 时，表明该污染物对人体健康存在风险；当 0.1≤HR≤1 时，表明该污染物对人体健康存在潜在风险；当 HR<0.1 时，表明该污染物对人体健康无风险。

表 2.3-1 不同人群日均总饮水摄入量及体重参数

项目	成人		儿童	
	男性	女性	男童	女童
$ADD/(ng·kg^{-1}·d^{-1})$	2.591	1.994	0.877	0.986
BW/kg	69.2	58.2	20.8	20.2

第三章 样品采集与检测

3.1 采样点位布设

依据研究目标，结合黄河宁夏段的地理位置、水文特征、水环境特点及新污染物的可能来源，布置了 10 个采样断面（点位），分别为南长滩、麻黄沟、泉眼山、金沙湾、北大沟入黄口、第三与第五排水沟入黄口、地下水、煤化工园区污水处理厂总排口、医药产业园污水处理厂总排口及第一再生水厂总排口。在黄河出入境各设置 1 个采样点，为南长滩入境断面和麻黄沟出境断面，初步考察新污染物的赋存关系。在金沙湾设置采样点，初步考察宁夏区内新污染物的生产贡献。在地下水设置 1 个采样点，初步考察新污染物对地下水的污染现状。清水河是黄河一级支流，且清水河沿岸是固原市政治文化中心区、人口聚集区、工业经济发展集中区和污染负荷最大区，存在大量生活和农业污水排放，因此在清水河入黄口（泉眼山断面）设置 1 个采样点。银川工业、农业均较为发达，北大沟汇合了银新干沟、中干沟等 9 个排水沟后汇入黄河，因此在其入黄口设置 1 个采样点；三五排水沟主要承纳银川市、石嘴山市的工业、生活、农业废水，沿途有化工、医药等重污染企业，因此在其入黄口设置 1 个采样点。考虑所研究新污染物工业来源，在煤化工园区污水处理厂总排口和医药产业园污水处理厂总排口。银川为宁夏省会城市，人口聚集，考虑所研究污染物生活来源，在第一再生污水处理厂总排口设置 1 个监测点。所布设的采样点位具有代表性，信息见表 3.1–1。

采样时间选择 2022 年的春汛期（6 月）和枯水期（12 月）。其中春汛期（6 月）流域内降雨量增加，周边农田开始灌溉；枯水期（12 月）流域内降雨量的均值在一年中处于最低水平，径流量逐渐减小，流域农田基本结束冬灌，并随着气温的逐渐降低出现结冰现象。

表 3.1-1　采样点位信息

序号	监测断面	断面属性
1	南长滩	黄河宁夏段入境断面
2	麻黄沟	黄河宁夏段出境断面
3	金沙湾	地表水
4	地下水	地下水
5	泉眼山	清水河入黄口
6	北大沟入黄口	主要入黄排水沟，工业、生活等混合源
7	第三、第五排水沟汇合后入黄口	主要入黄排水沟，工业、生活等混合源
8	医药产业园污水处理厂	典型工业污染源（化工）
9	煤化工园区污水处理厂总排口	典型工业污染源（地方特点、煤化工）
10	第一再生水厂	生活源

3.2　样品采集

按照表 3.2-1 准备采样瓶、保存剂、便携式采样箱、桶等采样物资。每次采样前，用 GPS 进行定位，记录经度和纬度。先采集用于检测挥发性有机物（二氯甲烷、三氯甲烷、三氯 乙烯、四氯乙烯、六氯丁二烯）的水样，然后再采集用于检测其他项目的水样。采集检测挥发性有机物的水样时，将水样沿瓶壁缓缓流入瓶中，直至在瓶口形成一向上弯月面，旋紧瓶盖，避免采样瓶中存在顶空和气泡。当水样加盐酸溶液后产生大量气泡时，弃去该样品，重新采集样品。重新采集的样品不加盐酸溶液，样品标签上注明未酸化，该样品在 24 h 内分析。其他项目采样前先用水样荡涤采样容器、静置用容器和样品瓶 2~3 次。采样时不搅动水底的沉积物，不混入漂浮于水面上的物质。水样采集后自然沉降 30 min，取上层非沉降部分。水样注满容器，上部不留空间。采样完成后在每个样品容器上贴上标签，标签内容包括样品编号或名称、采样日期和时间、监测项目名称等，同步填写现场记录。现场采集10%的密码平行样、全程序空白和运输空白。

采集好的水样装入便携式冷藏箱，4 ℃下保存，样品存放在没有有机气体干扰的地方，以免发生交叉污染，在有效期内完成分析。

表3.2-1　水样的保存、采样量及采样瓶洗涤方法

序号	项目名称	采样容器	采样量	保存剂	洗涤方法	保存条件	保存时间
1	全氟化合物	聚丙烯瓶	1 L	80 mg 硫代硫酸钠	Ⅱ	0~6 ℃避光、冷藏	14 d
2	抗生素	硬质窄口玻璃瓶	1 L	80 mg 硫代硫酸钠	Ⅰ	-10 ℃避光、冷藏	7 d
3	有机磷酸酯	硬质窄口玻璃瓶	1 L	—	Ⅰ	0~4 ℃避光、冷藏	7 d
4	酞酸酯	硬质窄口玻璃瓶	1 L	—	Ⅰ	0~4 ℃避光、冷藏	7 d
5	烷基酚	硬质窄口玻璃瓶	1 L	盐酸调节 pH<2	Ⅰ	0~4 ℃避光、冷藏	7 d
6	有机氯农药	硬质窄口玻璃瓶	1 L	盐酸调节 pH<2	Ⅰ	0~4 ℃避光、冷藏	7 d
7	挥发性有机物	吹扫捕集进样瓶	40 mL	加入 25 mg 抗坏血酸，盐酸调节 pH<2	Ⅰ	0~4 ℃避光、冷藏	14 d

注：清洗方法Ⅰ，自来水洗 3 次，蒸馏水洗 2 次，丙酮清洗 2 次，甲醇清洗 2 次，阴干或吹干；清洗方法Ⅱ，自来水洗 3 次，蒸馏水洗 2 次，甲醇清洗 3 次，阴干或吹干。

3.3　样品分析

3.3.1　有机磷酸酯

仪器设备：气相色谱静电场轨道肼质谱联用仪。

测试条件：进样量 1 μL，不分流进样；柱流量 1.0 mL/min；进样口 280 ℃；升温程序为 60 ℃保持 1 min，40 ℃/min 升至 120 ℃，再以 5 ℃/min 升至 310 ℃，保持 10 min；传输线 280 ℃；EI 离子源 280 ℃；电子能量 70 eV；扫描范围 45~750 amu；溶剂延迟 4 min。

方法及过程：量取摇匀后的水样 1.00 L 倒入 2 L 分液漏斗中，加入内标，使用盐酸调节 pH 为 6~7；加入 60 g 氯化钠，振摇溶解后，加入 80 mL 二氯甲烷，振摇，放出气体；再振摇萃取 5~10 min，静置 10 min 以上，至有机相与水相充分分离，收集有机相。重复上述萃取步骤 3 次。合并有机相，经无水硫酸钠脱水，脱水干燥后的萃取液浓缩并用正己烷定容至 1.0 mL，加入 10.0 μL 进样内标，上机分析。

3.3.2　抗生素

仪器设备：液相色谱-三重四极质谱联用仪。

测试条件：正模式进样使用 5 mmol/L 乙二酸/5 mmol/L 乙酸铵水溶液（流动相A）和甲醇/乙腈（1/1）（流动相B）作为流动相；柱温 35 ℃；进样量 5 μL；流速 0.3 mL/min；梯度洗脱程序见表 3.3-1。

表 3.3-1 正模式采集的梯度洗脱程序

时间/min	流速/(ml·min⁻¹)	流动相 A/%	流动相 B/%
0	0.3	90	10
4	0.3	90	10
15	0.3	25	75
15.1	0.3	5	95
18	0.3	5	95
18.1	0.3	90	10
22	0.3	90	10

负模式进样使用 0.1%乙酸/0.1%乙酸铵水溶液（流动相A）和甲醇/乙腈（1/1）流动相B）作为流动相；柱温 35 ℃；进样量 5 μL；流速 0.3 mL/min；梯度洗脱程序见表 3.3-2。

质谱条件：电喷雾离子源，正负离子监测模式；多反应监测（MRM）方式；毛细管电压正模式为 3 500 V，负模式为 2 000 V；喷嘴电压 2 000 V；干燥气温度 320 ℃；雾化气压力 35 psi；干燥气流量 6 L/min；鞘气 340 ℃，流量 11 L/min。

方法及过程：量取 1 000 mL 样品，使用水样抽滤装置及玻璃纤维滤膜过滤样品。过滤后的水样使用盐酸调节 pH 为 2.0±0.5，并加入 500 mg 乙二胺四乙酸四钠和 50.0 μL 回收率指示物使用液，摇晃均匀。将过滤后的玻璃纤维滤膜转入 50 mL 离心管，加入 20 mL 的甲酸甲醇溶液，超声提取 15 min，离心 5 min，收集上清液。重复相同步骤，合并上清液。浓缩至小于 10 mL 后与过滤水样合并、混匀。依次使用 20 mL 甲醇、6 mL 纯水和 10 mL pH 为 2.0±0.5 的试剂水活化 HLB 柱，弃去，在活化过程中液面应保持在填料以上。将过滤后的样品以 3~5 mL/min 流速通过固相萃取柱。上样结束后，使用 10 mL 纯水淋洗固相萃取柱，真空抽干 5 min。使用 12 mL 甲醇淋洗固相萃取柱，收集洗脱液。再使用 6 mL 丙酮/甲醇（1/1）洗脱，合并洗脱液。用浓缩装置将洗脱液浓缩至近干，并用 1%甲酸水-乙腈溶液定容至

表 3.3-2　负模式采集的梯度洗脱程序

时间/min	流速/(mL·min⁻¹)	流动相 A/%	流动相 B/%
0	0.3	80	20
2	0.3	80	20
8	0.3	15	85
10	0.3	15	85
10.1	0.3	5	95
13	0.3	5	95
13.1	0.3	80	20
16	0.3	80	20

1.0 mL，加入 50 μL 进样内标，混匀后过 0.22 μm 针头式滤膜，上机分析。

3.3.3　全氟化合物

仪器设备：液相色谱-三重四极质谱联用仪。

测试条件：使用乙腈和乙酸铵水溶液作为流动相；柱温 35 ℃；进样量 5.0 μL；流速 0.3 mL/min；梯度洗脱程序见表 3.3-3。电喷雾离子源，负离子监测模式；多反应监测（MRM）方式；毛细管电压 3 500 V；喷嘴电压 500 V；雾化气温度 300 ℃；雾化气压力 45 psi；去溶剂气流量 6 L/min；鞘气 300 ℃，流量 11 L/min。

方法及过程：量取 500 mL 样品，向样品中添加 50.0 μL 提取内标，使用水样抽滤装置及玻璃纤维滤膜过滤样品。将过滤后的玻璃纤维滤膜转入 50 mL 离心管，加入 20 mL 甲醇，以 300 r/min 常温振荡萃取 2 h。甲醇萃取液经针头过滤器（0.8 μm）过滤后与过滤水样合并、混匀。依次用 6 mL 氨水-甲醇混合溶液、6 mL 甲醇和 6 mL 水活化固相萃取柱，在活化过程中液面应保持在填料以上。将过滤后的 500 mL 样品以 3~5 mL/min 流速通过固相萃取柱。上样结束后，使用 8 mL 乙酸铵缓冲液淋洗固相萃取柱，弃去淋洗液。使用真空泵干燥固相萃取柱 10 min，使用 8 mL 甲醇淋洗固相萃取柱，弃去淋洗液。使用 6 mL 氨水-甲醇混合溶液淋洗固相萃取柱，收集洗脱液。用浓缩装置将洗脱液浓缩并用水-甲醇混合溶液定容至 1.0 mL，加入 50.0 μL 进样内标，混匀后经针头式过滤器过滤，上机分析。

表 3.3-3　梯度洗脱程序

时间/min	乙腈/%	乙酸铵水溶液/%
0	15	85
3	30	70
11	60	40
14	95	5
16	95	5
16.5	15	85
20	15	85

3.3.4　烷基酚

仪器设备：液相色谱-三重四极质谱联用仪。

测试条件：测定烷基酚和双酚 A 时使用 0.5 mmol/L 的氟化铵水溶液（流动相 A）和乙腈（流动相 B）作为流动相；柱温 35 ℃；进样量 5 μL；流速 0.3 mL/min。测定五氯酚时使用 5 mmol/L 乙酸铵/0.1%甲酸水溶液（流动相 A）和乙腈（流动相 B）作为流动相；柱温 35 ℃；进样量 5 μL；流速 0.3 mL/min。电喷雾离子源，负离子监测模式；多反应监测（MRM）方式；毛细管电压负模式为 2 000 V；喷嘴电压 2 000 V；干燥气温度 250 ℃；雾化气压力 35 psi；干燥气流量 6 L/min；鞘气温度 340 ℃，流量 11 L/min。

方法及过程：量取 200 mL 样品，使用水样抽滤装置及玻璃纤维滤膜过滤。过滤后的水样全部转移至烧杯中，并加入 50 ng 回收率指示物。过滤后的石英滤膜放入 10 mL 玻璃管中，加入 5 mL 乙腈超声提取 10 min，将超声提取液经石英滤膜过滤后与过滤水样合并、混匀。依次用 10 mL 正己烷、10 mL 二氯甲烷、10 mL 甲醇和 10 mL 纯水活化固相萃取柱，弃去，在活化过程中液面应保持在填料以上。将过滤后的样品以 3~5 mL/min 的流速通过固相萃取柱。上样结束后，用 10 mL 30%甲醇溶液淋洗固相萃取柱，去除固相萃取柱上的杂质，真空抽干 5 min。使用 2 mL 甲醇和 8 mL 二氯甲烷淋洗固相萃取柱，收集洗脱液。用浓缩装置将洗脱液浓缩到 1 mL 以下，加入 3 mL 乙腈，再浓缩至约 1 mL，将溶剂完全置换为乙腈后，用乙腈定容至 1.0 mL，加入 50.0 ng 进样内标，涡旋混匀，经针头式过滤器过滤后转移至进样小瓶，待测。

3.3.5 酞酸酯

仪器设备：气相色谱静电场轨道肼质谱联用仪。

测试条件：进样量 1 μL，不分流进样；柱流量 1.0 mL/min；进样口 280 ℃；升温程序为 60 ℃保持 1 min，40 ℃/min 升至 120 ℃，再以 5 ℃/min 升至 310 ℃，保持 10 min；传输线 280 ℃；EI 离子源 280 ℃；电子能量 70 eV；扫描范围 45~750 amu；溶剂延迟 4 min。

方法及过程：量取摇匀后的水样 0.095 L 倒入 100 mL 容量瓶中，加入 10.0 μL 净化内标，加入 5.00 mL 正己烷，振摇萃取 5~10 min，静置 30 min 以上，至有机相与水相充分分离，取上清液 1.0 mL，待机分析。

3.3.6 有机氯农药

仪器设备：气相色谱质谱仪。

分析方法：《水质 有机氯农药和氯苯类化合物的测定 气相色谱-质谱法》（HJ 699—2014）。

测试条件：HP-5 MS（30 m×0.25 μm×0.25 mm）色谱柱；进样口 250 ℃，不分流进样；升温程序为 80 ℃保持 1 min，以 20 ℃/min 升至 150 ℃，再以 5.0 ℃/min 升至 300 ℃保持 5 min；柱流量 1.0 mL/min；传输线 280 ℃；离子源 300 ℃；离子源电子能量 70 eV；质量范围 45~550 amu。

分析过程：量取 100.0 mL 水样至分液漏斗中，加入 20.0 μL 替代物（十氯联苯）标准溶液，混匀。加入 10 g 氯化钠，振荡至完全溶解后，加入 15 mL 正己烷，剧烈振荡，静置 15 min 分层。再重复萃取一次，合并萃取液并经干燥脱水，浓缩至 1 mL。上机测定。

3.3.7 挥发性有机物

仪器设备：气相色谱质谱仪。

分析方法：《水质 挥发性有机物的测定 吹扫捕集/气相色谱-质谱法》（HJ 639—2012）。

测试条件：DB-624 ms（1.80 um×30.0 m×0.32 mm）色谱柱；进样口 230 ℃；分流进样，分流比 30：1；程序升温为 35 ℃保持 2 min，5 ℃/min 升至 120 ℃，再以 10 ℃/min 升至 220 ℃，保持 2 min；流量 1.8 mL/min；EI 离子源 220 ℃；离子化能量 70 eV；选择离子扫描（SIM），扫描范围 45~350 amu；接口 280 ℃。

分析过程：在水样中加入内标（氟苯、1，4-二氯苯-d4）和替代物（甲苯-d8、4-溴氟苯），采用吹扫捕集装置直接分析，进样量 5.0 mL。

3.4 监测因子

监测 200 项因子，包括 13 项有机磷磷酸酯、22 项全氟化合物、13 项酞酸酯、55 项抗生素、11 项烷基酚、32 项有机氯农药及 54 项挥发性有机物，如表 3.4-1 所示。

表 3.4-1 监测因子及检出限

序号	检测类别	数量/项	化合物名称	CAS 号	检出限
1	酞酸酯	13	邻苯二甲酸二（2-甲基丙基）酯	84-69-5	1.1 μg/L
2			邻苯二甲酸二己酯	68515-50-4	0.105 μg/L
3			邻苯二甲酸二苯酯	84-62-8	0.105 μg/L
4			邻苯二甲酸丁基苄基酯	85-68-7	0.105 μg/L
5			邻苯二甲酸二（2-丁氧乙基）酯	117-83-9	1.053 μg/L
6			邻苯二甲酸二（2-乙基己基）酯	117-81-7	1.2 μg/L
7			邻苯二甲酸二戊酯	131-18-0	0.105 μg/L
8			邻苯二甲酸二丁酯	84-74-2	2.0 μg/L
9			邻苯二甲酸二环己酯	84-61-7	0.105 μg/L
10			邻苯二甲酸二乙酯	84-66-2	0.105 μg/L
11			邻苯二甲酸二甲酯	131-11-3	0.6 μg/L
12			邻苯二甲酸二壬酯	84-76-4	0.263 μg/L
13			邻苯二甲酸二辛酯	117-84-0	0.105 μg/L
14	全氟化合物	22	全氟丁酸	375-22-4	0.3 ng/L
15			全氟戊酸	2706-90-3	0.3 ng/L
16			全氟己酸	307-24-4	0.3 ng/L
17			全氟丁烷磺酸	375-73-5	0.2 ng/L
18			全氟庚酸	375-85-9	0.5 ng/L
19			全氟戊烷磺酸	2706-91-4	0.4 ng/L

序号	检测类别	数量/项	化合物名称	CAS 号	检出限
20	全氟化合物	22	4，8-二氧杂-3-H-全氟壬酸	919005-14-4	0.4 ng/L
21			全氟辛酸	335-67-1	0.4 ng/L
22			全氟己烷磺酸	355-46-4	0.5 ng/L
23			全氟壬酸	375-95-1	0.8 ng/L
24			全氟庚烷磺酸	375-92-8	0.6 ng/L
25			全氟癸酸	335-76-2	0.8 ng/L
26			全氟辛烷磺酸	1763-23-1	1.0 ng/L
27			全氟十一烷酸	2058-94-8	1.2 ng/L
28			9-氯-3-氧杂全氟壬烷磺酸	756426-58-1	1.0 ng/L
29			全氟壬烷磺酸	68259-12-1	1.0 ng/L
30			全氟十二烷酸	307-55-1	1.0 ng/L
31			全氟癸烷磺酸	335-77-3	1.1 ng/L
32			全氟十三烷酸	72629-94-8	0.6 ng/L
33			全氟十四烷酸	376-06-7	1.1 ng/L
34			全氟十六烷酸	67905-19-5	1.5 ng/L
35			全氟十八烷酸	16517-11-6	1.6 ng/L
36	有机磷酸酯	13	磷酸二苯基异辛酯	1241-94-7	0.002 μg/L
37			磷酸三（3-甲苯）酯	1330-78-5	0.050 μg/L
38			磷酸三（4-甲苯）酯	78-32-0	0.020 μg/L
39			磷酸三（丁氧基乙基）酯	78-51-3	1.0 μg/L
40			磷酸三（2-氯乙基）酯	115-96-8	0.002 μg/L
41			磷酸三丁酯	126-73-8	0.002 μg/L
42			磷酸三乙酯	78-40-0	0.003 μg/L
43			磷酸三异丁酯	126-71-6	0.003 μg/L
44			磷酸三苯酯	115-86-6	0.002 μg/L
45			三苯基氧化膦	791-28-6	0.020 μg/L
46			磷酸三丙酯	513-08-6	0.002 μg/L
47			磷酸三（1，3-二氯异丙基）酯	13674-87-8	0.002 μg/L
48			磷酸三（2-氯丙基）酯	13674-84-5	0.010 μg/L)

续表

序号	检测类别	数量/项	化合物名称	CAS 号	检出限
49	烷基酚	11	双酚 A	80-05-7	0.006 μg/L
50			4-叔丁基苯酚	98-54-4	0.019 μg/L
51			4-丁基苯酚	1638-22-8	0.012 μg/L
52			4-戊基苯酚	14938-35-3	0.009 μg/L
53			4-己基苯酚	2446-69-7	0.012 μg/L
54			4-叔辛基苯酚	140-66-9	0.015 μg/L
55			4-庚基苯酚	1987-50-4	0.005 μg/L
56			4-支链壬基酚	104-40-5	0.007 μg/L
57			4-辛基苯酚	1806-26-4	0.005 μg/L
58			4-壬基酚	84852-15-3	0.007 μg/L
59			五氯酚	87-86-5	0.004 μg/L
60	抗生素	55	可待因	76-57-3	1.8 ng/L
61			磺胺醋酰	144-80-9	1.8 ng/L
62			1,7-二甲基黄嘌呤	611-59-6	3.2 ng/L
63			磺胺嘧啶	68-35-9	1.6 ng/L
64			磺胺吡啶	144-83-2	2.3 ng/L
65			甲砜霉素	15318-45-3	1.0 ng/L
66			磺胺噻唑	72-14-0	2.1 ng/L
67			甲氧苄氨嘧啶	738-70-5	1.7 ng/L
68			土霉素	79-57-2	1.1 ng/L
69			磺胺甲基嘧啶	127-79-7	2.3 ng/L
70			吡哌酸	51940-44-4	0.9 ng/L
71			头孢噻肟	63527-52-6	1.4 ng/L
72			多西环素	564-25-0	1.6 ng/L
73			四环素	60-54-8	1.7 ng/L
74			咖啡因	58-08-2	0.5 ng/L
75			头孢西丁	35607-66-0	1.1 ng/L
76			磺胺二甲嘧啶	57-68-1	2.8 ng/L
77			磺胺甲氧哒嗪	80-35-3	1.6 ng/L

序号	检测类别	数量/项	化合物名称	CAS 号	检出限
78			磺胺甲噻二唑	144-82-1	2.0 ng/L
79			磺胺对甲氧嘧啶	651-06-9	2.1 ng/L
80			去甲基金霉素	127-33-3	1.1 ng/L
81			氟苯尼考	73231-34-2	1.2 ng/L
82			依诺沙星	74011-58-8	0.7 ng/L
83			磺胺氯哒嗪	80-32-0	1.2 ng/L
84			诺氟沙星	70458-96-7	0.5 ng/L
85			氧氟沙星/左氧氟沙星	82419-36-1/100986-85-4	1.2 ng/L
86			磺胺甲噁唑	723-46-6	1.3 ng/L
87			氯霉素	56-75-7	1.6 ng/L
88			培氟沙星	70458-92-3	1.1 ng/L
89			环丙沙星	85721-33-1	0.9 ng/L
90			磺胺间甲氧嘧啶	1220-83-3	1.4 ng/L
91	抗生素	55	洛美沙星	98079-51-7	1.0 ng/L
92			磺胺二甲异噁唑	127-69-5	1.2 ng/L
93			磺胺地索辛	122-11-2	1.6 ng/L
94			恩诺沙星	93106-60-6	0.9 ng/L
95			达氟沙星	112398-08-0	1.2 ng/L
96			美他环素	914-00-1	2.6 ng/L
97			磺胺苯酰	127-71-9	1.5 ng/L
98			加替沙星	112811-59-3	0.8 ng/L
99			西诺沙星	28657-80-9	0.8 ng/L
100			沙拉沙星	98105-99-8	0.8 ng/L
101			司帕沙星	111542-93-9	1.4 ng/L
102			4-差向脱水四环素	7518-17-4	1.7 ng/L
103			磺胺苯吡唑	526-08-9	1.6 ng/L
104			磺胺邻二甲氧嘧啶	2447-57-6	1.4 ng/L
105			奥索利酸	14698-29-4	0.7 ng/L

续表

序号	检测类别	数量/项	化合物名称	CAS 号	检出限
106	抗生素	55	莫西沙星	151096-09-2	0.8 ng/L
107			磺胺喹噁啉	59-40-5	0.4 ng/L
108			脱水四环素	1665-56-1	2.0 ng/L
109			阿奇霉素	83905-01-5	3.3 ng/L
110			萘啶酸	389-08-2	0.7 ng/L
111			氟甲喹	42835-25-6	0.7 ng/L
112			克林霉素	18323-44-9	2.7 ng/L
113			罗红霉素	80214-83-1	2.0 ng/L
114			布洛芬	15687-27-1	1.0 ng/L
115	挥发性有机物	54	顺式 1, 2-二氯乙烯	156-59-2	0.4 μg/L
116			溴氯甲烷	74-97-5	0.5 μg/L
117			三氯甲烷	67-66-3	0.4 μg/L
118			1, 1, 1-三氯乙烷	71-55-6	0.4 μg/L
119			四氯化碳	56-23-5	0.4 μg/L
120			苯	71-43-2	0.4 μg/L
121			三氯乙烯	79-01-6.	0.4 μg/L
122			1, 2-二氯丙烷	78-87-5	0.4 μg/L
123			二溴甲烷	74-95-3	0.3 μg/L
124			一溴二氯甲烷	75-27-4	0.4 μg/L
125			顺 1, 3-二氯丙烯	10061-01-5	0.3 μg/L
126			甲苯	108-88-3	0.3 μg/L
127			反 1, 3-二氯丙烯	10061-02-6	0.3 μg/L
128			1, 1, 2-三氯乙烷	79-00-5	0.4 μg/L
129			四氯乙烯	127-18-4	0.2 μg/L
130			1, 3 二氯丙烷	142-28-9	0.4 μg/L
131			二溴氯甲烷	124-48-1	0.4 μg/L
132			1, 2-二溴乙烷	106-93-4	0.4 μg/L
133			氯苯	108-90-7	0.2 μg/L
134			1, 1, 1, 2-四氯乙烷	630-20-6	0.3 μg/L

续表

序号	检测类别	数量/项	化合物名称	CAS 号	检出限
135			乙苯	100−41−4	0.3 μg/L
136			间，对−二甲苯	108−38−3/ 106−42−3	0.5 μg/L
137			邻二甲苯	95−47−6	0.2 μg/L
138			苯乙烯	100−42−5	0.2 μg/L
139			三溴甲烷	75−25−2	0.5 μg/L
140			异丙苯	98−82−8	0.3 μg/L
141			溴苯	108−86−1	0.3 μg/L
142			1，1，2，2−四氯乙烷	79−34−5	0.4 μg/L
143			正丙苯	103−65−1	0.2 μg/L
144			2−氯甲苯	95−49−8	0.4 μg/L
145			1，3，5−三甲基苯	108−67−8	0.3 μg/L
146	挥发性 有机物	54	叔丁基苯	98−06−6.	0.4 μg/L
147			1，2，4−三甲基苯	95−63−6	0.3 μg/L
148			仲丁基苯	135−98−8	0.3 μg/L
149			1，3−二氯苯	541−73−1	0.3 μg/L
150			1，4−二氯苯	106−46−7	0.4 μg/L
151			4−异丙基甲苯	99−87−6	0.3 μg/L
152			1，2−二氯苯	95−50−1	0.4 μg/L
153			正丁基苯	104−51−8	0.3 μg/L
154			1，2−二溴−3−氯丙烷	96−12−8−8	0.3 μg/L
155			1，2，4−三氯苯	120−82−1	0.3 μg/L
156			萘	91−20−3	0.4 μg/L
157			六氯丁二烯	87−68−3	0.4 μg/L
158			1，2，3−三氯苯	87−61−6	0.5 μg/L
159			氯乙烯	75−01−4	0.5 μg/L
160			1，1−二氯乙烷	75−34−3	0.4 μg/L
161			1，2−二氯乙烷	107−06−2	0.4 μg/L
162			1，2，3−三氯丙烷	96−18−4	0.2 μg/L

序号	检测类别	数量/项	化合物名称	CAS 号	检出限
163	挥发性有机物	54	4-氯甲苯	106—43—4	0.3 μg/L
164			1, 1-二氯乙烯	75—35—4	0.4 μg/L
165			二氯甲烷	75—09—5.	0.5 μg/L
166			反式1, 2-二氯乙烯	156—60—5	0.3 μg/L
167			氯丁二烯	126—99—8	0.5 μg/L
168			2, 2-二氯丙烷	594—20—7	0.5 μg/L
169	有机氯农药	32	1, 2, 4, 5-四氯苯	95—94—3	0.038 μg/L
170			1, 2, 3, 5-四氯苯	634—90—2	0.038 μg/L
171			五氯苯	608—93—5	0.043 μg/L
172			甲体-六六六	319—84—6	0.056 μg/L
173			六氯苯	118—74—1	0.043 μg/L
174			乙体-六六六	319—85—7	0.037 μg/L
175			五氯硝基苯	82—68—8	0.036 μg/L
176			丙体-六六六	58—89—9	0.025 μg/L
177			艾氏剂	309—00—2	0.035 μg/L
178			环氧七氯	1024—57—3	0.053 μg/L
179			r-氯丹	5103—74—2	0.044 μg/L
180			o, p′-DDE	3424—82—6	0.046 μg/L
181			a-氯丹	5103—71—9	0.055 μg/L
182			p, p′-DDE	72—55—9	0.036 μg/L
183			狄氏剂	60—57—1	0.043 μg/L
184			o, p′-DDD	53—19—0	0.038 μg/L
185			p, p′-DDT	50—29—3	0.043 μg/L
186			o, p′-DDT	789—02—6	0.031 μg/L
187			异狄氏剂醛	7421—93—4	0.051 μg/L
188			甲氧滴滴涕	72—43—5	0.039 μg/L
189			异狄氏剂酮	53494—70—5	0.046 μg/L
190			硫丹硫酸酯	1031—07—8	0.043 μg/L
191			异狄氏剂	72—20—8	0.046 μg/L

续表

序号	检测类别	数量/项	化合物名称	CAS 号	检出限
192			1，2，3，4-四氯苯	634-66-2	0.036 μg/L
193			丁体-六六六	319-86-8	0.060 μg/L
194			七氯	76-44-8	0.042 μg/L
195			三氯杀螨醇	115-32-2	0.031 μg/L
196	有机氯农药	32	外环氧七氯	1024-57-3	0.053 μg/L
197			硫丹 I	2483736-15-6	0.032 μg/L
198			硫丹 II	33213-65-9	0.044 μg/L
199			P，P′-DDD	72-54-8	0.048 μg/L
200			灭蚁灵	2385-85-5	0.038 μg/L

第四章　丰水期结果分析

4.1　样品采集

　　每年的 5—6 月是黄河流域的丰水期，这个时期黄河受夏季季风气候影响，降水丰富，河流水量大。黄河源头附近高山冰雪融化量大，向黄河补给的水量大。鉴于此，2022 年 5 月 25 日至 6 月 5 日对所布设点位开展样品采集，采样期间天气晴好，现场采样情况如图 4.1-1 所示。

图 4.1-1　现场采样照片

　　为保证样品在有效期内运输到实验室，开展分析，经过验证比对，选取了在冷冻及运输过程中不易破碎的窄口玻璃瓶，采用冷链运输方式进行样品运输，到达实验室后，测试运输箱温度为 3 ℃，查看了样品的性状，发现样品为冰水混合物，样品在运输过程中保存完好，样品运输情况如图 4.1-2 所示，实验室分析情况如图 4.1-3 所示。

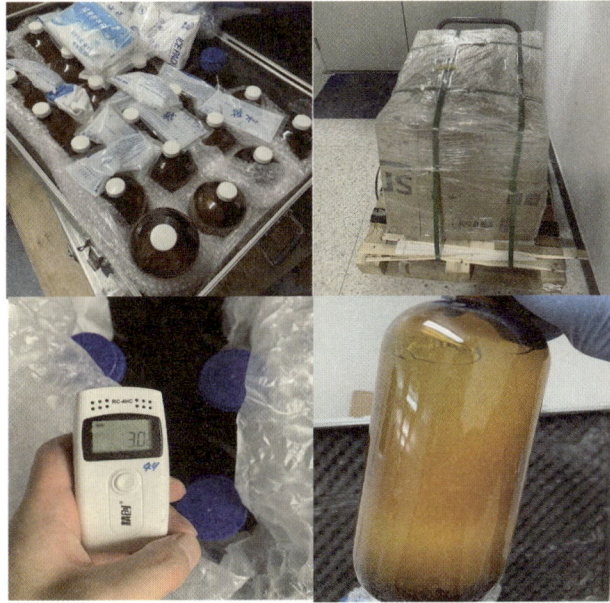

图 4.1-2　现场运输照片

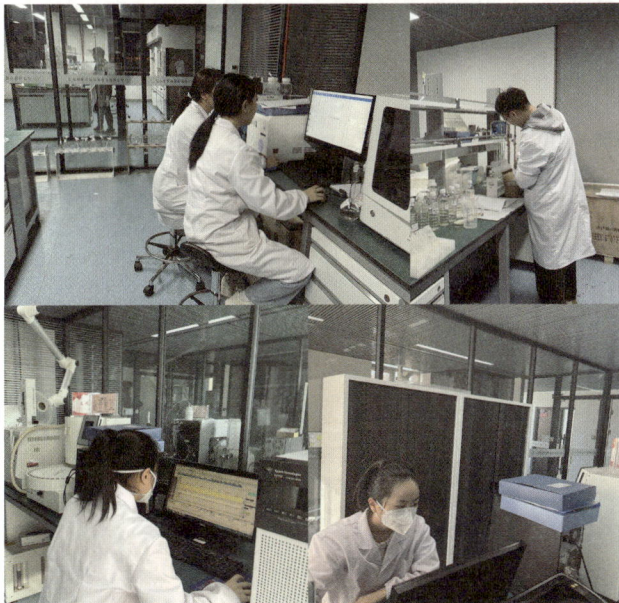

图 4.1-3　实验室分析照片

4.2 监测结果

（1）监测因子分析。从监测因子分析，共检出 47 项污染物，占监测项目的 23.5%，各类污染物检出分布如图 4.2-1 所示。其中抗生素 20 项，检出率 36.4%，浓度范围 0.9~101.9 ng/L；全氟化合物 12 项，检出率 54.5%，浓度范围 0.4~85.2 ng/L；有机磷酸酯 11 项，检出率 84.6%，浓度范围 2.8~541.1 ng/L；烷基酚 4 项，检出率 36.4%，浓度范围 10~126 ng/L；酞酸酯类、有机氯农药和挥发性有机物均未检出。有机磷酸酯在工业生产、食品生活、建筑等材料中普遍存在，且以物理的方式添加到材料中，很容易通过挥发、产品磨损、泄漏等方式进入环境，因而检出率最高。全氟化合物在家庭用品、化工生产中广泛应用，其检出率次之，浓度较低。虽然抗生素的检出率只有 36.4%，但检出项目最多，各监测点均有检出，且浓度相对较高，是水环境中不容忽视的新污染物。

咖啡因和磷酸三（2-氯乙基）酯检出 100%，是水环境中最需要关注的两项污染物。咖啡因是一种典型的广谱精神活性物质，也是一种常用的神经药品，在巧克力、功能性茶饮等生活用品及植物中普遍存在；磷酸三（2-氯乙基）酯常用作胶黏剂的添加剂。这两种污染物在水环境中呈多点频发特征。

（2）监测断面分析。从监测断面分析，由于各断面所在地区人口密度、农业养殖产业和环境条件的差异，不同断面检出污染物的浓度、种类和分布的差异较大。

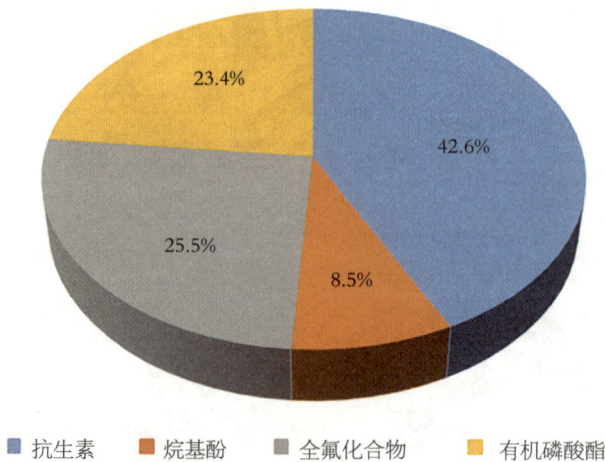

图 4.2-1　检出项目分布图

表 4.2-1　检出情况统计

监测断面	监测因子					
	抗生素（55 项）			有机磷酸酯（13 项）		
	检出项数/项	比例/%	浓度范围/(ng·L⁻¹)	检出项数/项	比例/%	浓度范围/(ng·L⁻¹)
南长滩	4	7.27	2~71.9	9	69.23	12~234
麻黄沟	3	5.45	1.9~27.1	1	7.69	11.5
金沙湾	6	10.91	2.5~33.3	3	23.08	2.8~15.4
泉眼山	2	3.64	4~46.5	1	7.69	8.3
北大沟入黄口	2	3.64	6~48.8	5	38.46	4.2~65.7
第三、第五排水沟汇合后入黄口	2	3.64	2.1~16.5	4	30.77	3.9~62.4
医药产业园污水处理厂总排口	1	1.82	5.2	5	38.46	3.1~54.2
煤化工园区污水处理厂总排口	6	10.91	7.5~48.6	8	61.54	3.4~541.1
第一再生水厂总排口	16	29.09	0.9~101.9	7	53.85	4.5~302
地下水	4	7.27	1.8~3.18	2	15.38	21.7~188
总计	20	36.4	0.9~101.9	11	84.6	2.8~541.1

监测断面	监测因子					
	全氟化合物（22 项）			烷基酚（11 项）		
	检出项数/项	比例/%	浓度范围/(ng·L⁻¹)	检出项数/项	比例/%	浓度范围/(ng·L⁻¹)
南长滩	1	4.55	1.9	2	9.09	20~34
麻黄沟	1	4.55	2.1	1	9.09	38
金沙湾	1	4.55	2.1	1	9.09	16
泉眼山	5	22.73	0.6~2.4	2	18.18	31~41
北大沟入黄口	4	18.18	0.5~1.3	2	18.18	26~44
第三、第五排水沟汇合后入黄口	5	22.73	0.6~2.6	2	18.18	15~28
医药产业园污水处理厂	7	31.82	0.7~14.9	1	9.09	10
煤化工园区污水处理厂总排口	10	45.45	0.4~85.2	2	18.18	52~59
第一再生水厂总排口	6	27.27	0.5~6.2	2	18.18	43~126
地下水	—	—	—	1	9.09	11
总计	12	54.5	0.4~85.2	4	36.4	10~126

工业源（医药产业园污水处理厂总排口和煤化工园区污水处理厂总排口）和生活源（第一再生水厂总排口）中的污染物总体检出率高。抗生素在生活源的检出率最高，这与抗生素的来源一致，说明污水处理厂不能完全去除抗生素，去除效率值得进一步研究。有机磷酸酯在工业源和生活源的检出率基本相当。全氟化合物在煤化工园区污水处理厂总排口的检出率最高，说明煤化工生产过程中使用或产生该类物质，由于难降解性，应加大源头治理。

（3）污染分布分析。基于 ArcGis 软件，对监测的 10 个断面采用反距离权重插值法（IDW）对检出的磺胺甲噁唑、磷酸三（2-氯丙基）酯、全氟丁酸和 4-支链壬基酚 4 种典型污染物进行污染含量空间分布特征分析，如图 4.2-2 至图 4.2-5 所示。

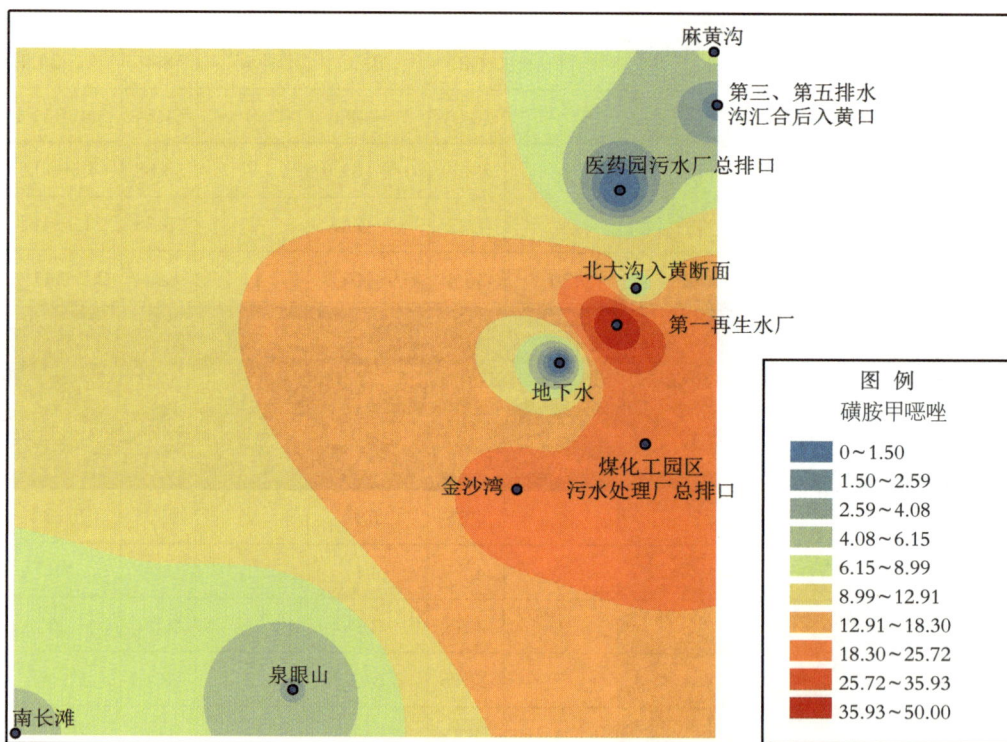

图 4.2-2　磺胺甲噁唑污染浓度空间分布

图 4.2-2 显示，磺胺甲噁唑在流域范围均有不同程度的污染，主要是因为其具有良好的化学稳定性，不易被降解，而且环境迁移能力强，能在水环境中长期存在。另外在畜牧业和水产养殖业中，磺胺甲噁唑被广泛用于预防和治疗动物疾病，未被生物体完全吸收代谢的磺胺甲噁唑会随粪便和尿液排入自然环境，这与产业发展息息相关，并与已经报道的磺胺甲噁唑是我国天然水体中最常见的抗生素的结论

相一致。磺胺甲噁唑在吴忠、银川的污染浓度相对较高，主要是因为吴忠市、银川市周边有大量的水产养殖和畜禽养殖业。

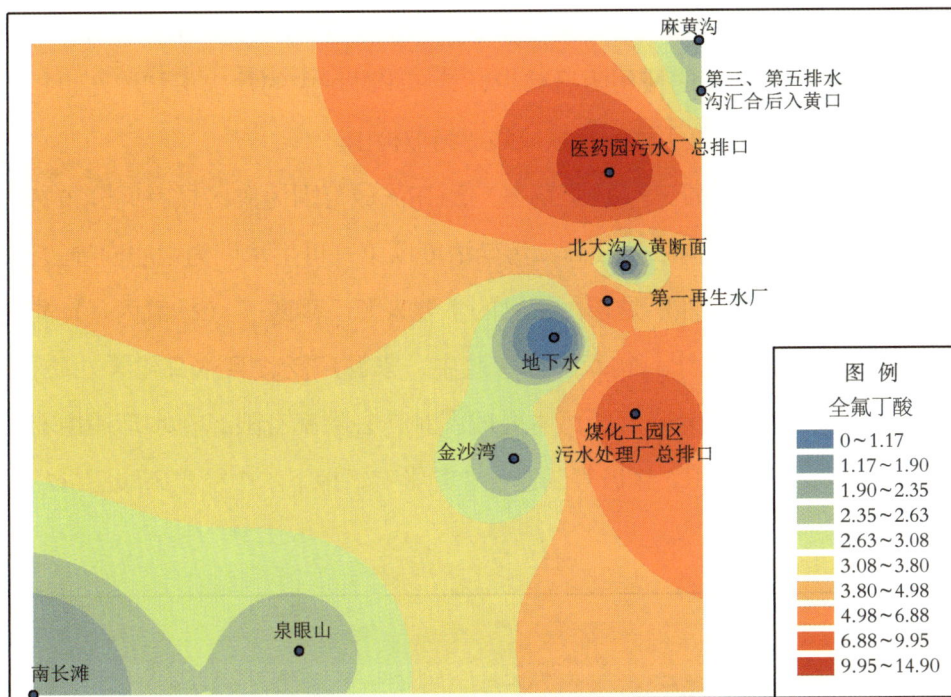

图 4.2-3　全氟丁酸污染浓度空间分布

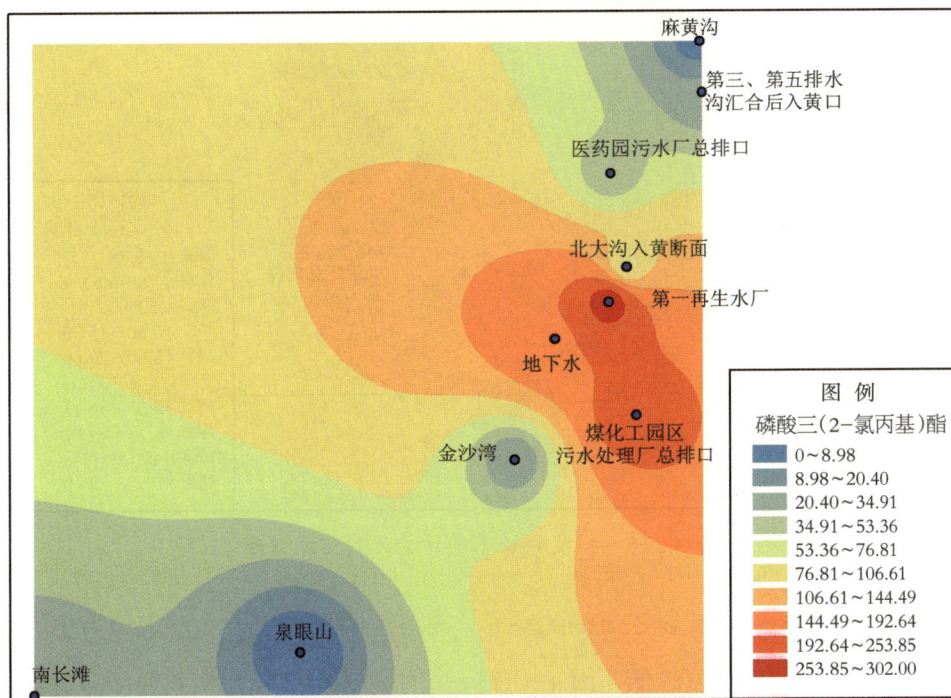

图 4.2-4　磷酸三（2-氯丙基）酯污染浓度空间分布

图 4.2-3 显示，全氟丁酸在流域范围整体污染浓度较低，在医药产业园污水处理厂总排口和煤化工园区污水处理厂总排口相对浓度较高，可见工业排放是水体中全氟丁酸的主要来源。近些年来，随着世界各国监管立法禁止使用长链的全氟化合物，使得 PFAS、PFOA 的使用明显减少，其在水环境中的检出率和浓度也相应降低，而短链的替代物全氟丁酸、全氟戊酸逐渐被检出。

图 4.2-4 显示，磷酸三（2-氯丙基）酯在流域范围污染区域空间分布特征明显，靠近第一再生水厂的浓度较高，污染浓度以第一再生水厂为中心向周边递减，表明工业和生活污水处理厂是该污染物的主要来源。磷酸三（2-氯丙基）酯作为阻燃剂应用于聚氨酯泡沫、纺织品和橡胶中，来源广泛，且本身化学性质稳定，在各种环境介质中都不易降解，污水处理厂对其去除率有限，在水环境中易于检出，另外可能受周边纺织、橡胶等制造行业的影响，地下水中检出磷酸三（2-氯丙基）酯。

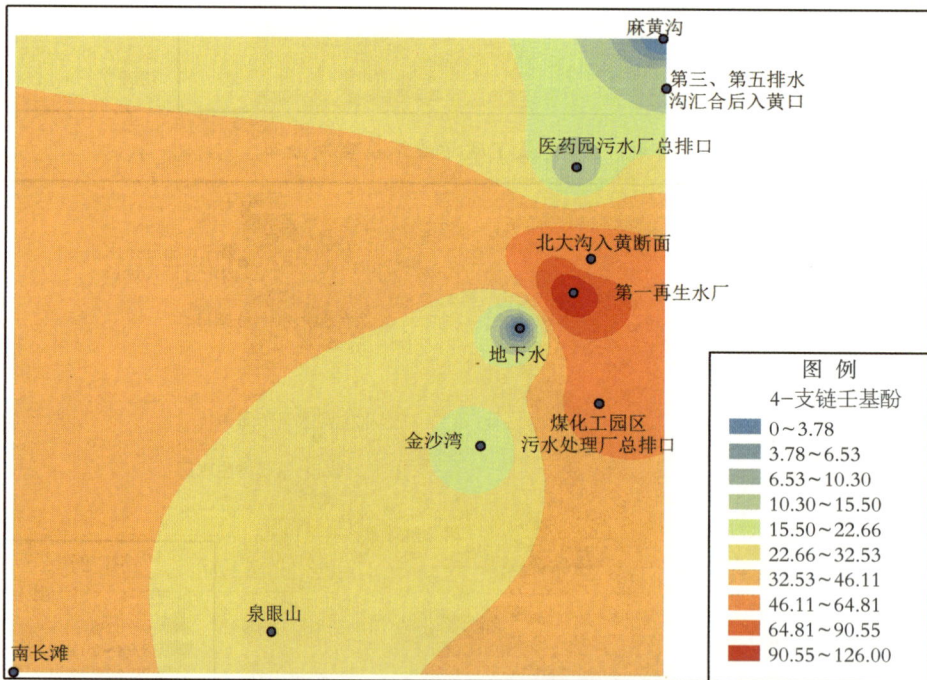

图 4.2-5　4-支链壬基酚污染浓度空间分布

图 4.2-5 显示，4-支链壬基酚的空间分布呈现明显分界，主要来源于生活污水处理厂。在黄河干流浓度较低，因 4-支链壬基酚易吸附在颗粒物上而沉降，迁移能力较弱，故地下水未受影响，支流汇入后对黄河干流的影响较小。

4.2.1 黄河干流

（1）总体情况。黄河干流设置 3 个断面，检出 22 项污染物，占监测项目的 11.0%，其中，抗生素 8 项，烷基酚 3 项，全氟化合物 1 项，有机磷酸酯 10 项，干流及各断面污染物分布如表 4.2-2 所示。污染浓度与国内典型地表河流的浓度类似，均在 ng/L 级别，由于地域和生产生活使用情况的差异，各断面检出污染物浓度及单体组成都呈现空间差异性。其中入境断面南长滩检出 16 项，浓度范围为 1.9~234 ng/L，主要为有机磷酸酯类污染物，最大浓度污染物为三苯基氧化膦；金沙湾断面检出 11 项，浓度范围为 2.1~33.3 ng/L，主要为抗生素类污染物，最大浓度污染物为咖啡因；出境断面麻黄沟检出 6 项，浓度范围为 1.9~38 ng/L，主要为抗生素类污染物，最大浓度污染物为五氯酚，在污染物检出数量上呈沿程减少的分布特征。出境时，有 12 项污染物经过自净等方式基本去除，2 项污染物［咖啡因和磷酸三（2-氯乙基）酯］浓度分别降低 62.3% 和 78.1%，2 项污染物（磺胺甲噁唑和全氟丁酸）浓度分别升高 8.5% 和 10.5%，增加检出 2 项污染物（磺胺氯哒嗪和五氯酚）。

表 4.2-2 黄河干流宁夏段污染物检出情况

序号	监测项目		监测结果/(ng·L⁻¹)			出入境浓度比/%
			南长滩	金沙湾	麻黄沟	
1	茶碱（咖啡因衍生物）	1，7-二甲基黄嘌呤	ND	3.9	ND	—
2	第二类精神药品	咖啡因	71.9	33.3	27.1	37.7
3	林可霉素	克林霉素	ND	3.6	ND	—
4	大环内酯类	罗红霉素	2	5	ND	—
5	抗生素 磺胺类	磺胺氯哒嗪	ND	ND	1.9	—
6		磺胺甲噁唑	5.9	20.5	6.4	108.5
7		磺胺吡啶	ND	2.5	ND	—
8		甲氧苄氨嘧啶	2.1	ND	ND	—
9	烷基酚	双酚A	20	ND	ND	—
10		4-支链壬基酚	34	16	ND	—
11		五氯酚	ND	ND	38	—

序号	监测项目		监测结果/(ng·L⁻¹)			出入境浓度比/%
			南长滩	金沙湾	麻黄沟	
12	全氟化合物	全氟丁酸	1.9	2.1	2.1	110.5
13	有机磷酸酯	磷酸二苯基异辛酯	4.3	ND	ND	—
14		磷酸三（4-甲苯）酯	42.6	ND	ND	—
15	芳基磷酸酯	三苯基氧化膦	234	ND	ND	—
16		磷酸三苯酯	33.6	ND	ND	—
17		磷酸三（丁氧基乙基）酯	4.5	ND	ND	—
18	烷基磷酸酯	磷酸三丁酯	4.6	ND	ND	—
19		磷酸三乙酯	12	ND	ND	—
20		磷酸三（2-氯乙基）酯	52.7	14	11.5	21.9
21	氯代磷酸酯	磷酸三（1，3-二氯异丙基）酯	ND	2.8	ND	—
22		磷酸三（2-氯丙基）酯	23.7	15.4	ND	—

有机磷酸酯和抗生素是黄河干流宁夏段的主要污染物，如图4.2-6所示。抗生素在黄河干流宁夏段各监测断面检出率均较高，以咖啡因和磺胺类抗生素为主，如图4.2-7所示。磺胺类抗生素具有稳定的化学结构，水溶性较好，不容易发生吸附或降解反应，且迁移能力好，能在水环境中长期存在，因此在整个黄河宁夏段均有检出，尤其是磺胺甲恶唑，在黄河干流及入黄口各采样断面均有检出。磺胺甲恶唑是一种广谱高效抗菌药物，主要用于畜禽养殖行业，表明农业活动对黄河流域抗生素污染贡献较大。此外，罗红霉素的检出率和浓度水平也相对较高。

有机磷酸酯检出的主要是短链烷基磷酸酯、芳基磷酸酯和氯代磷酸酯，如图4.2-8所示。短链烷基、芳基磷酸酯挥发性强，容易在生产生活过程中通过挥发、溢出等进入环境，虽然3个入黄口均有检出，但该类污染物在有氧和无氧的环境下都能生物降解，且半衰期较短，因此只在入境南长滩断面检出，金沙湾和麻黄沟均未检出。氯代磷酸酯具有较强的稳定性，很难降解或通过传统污水处理工艺去除，一方面输入浓度较高，另一方面3个入黄口均有检出，外源和内源共同作用下，导致其在黄河干流宁夏段检出浓度较高，其中磷酸三（2-氯乙基）酯虽然在20世纪

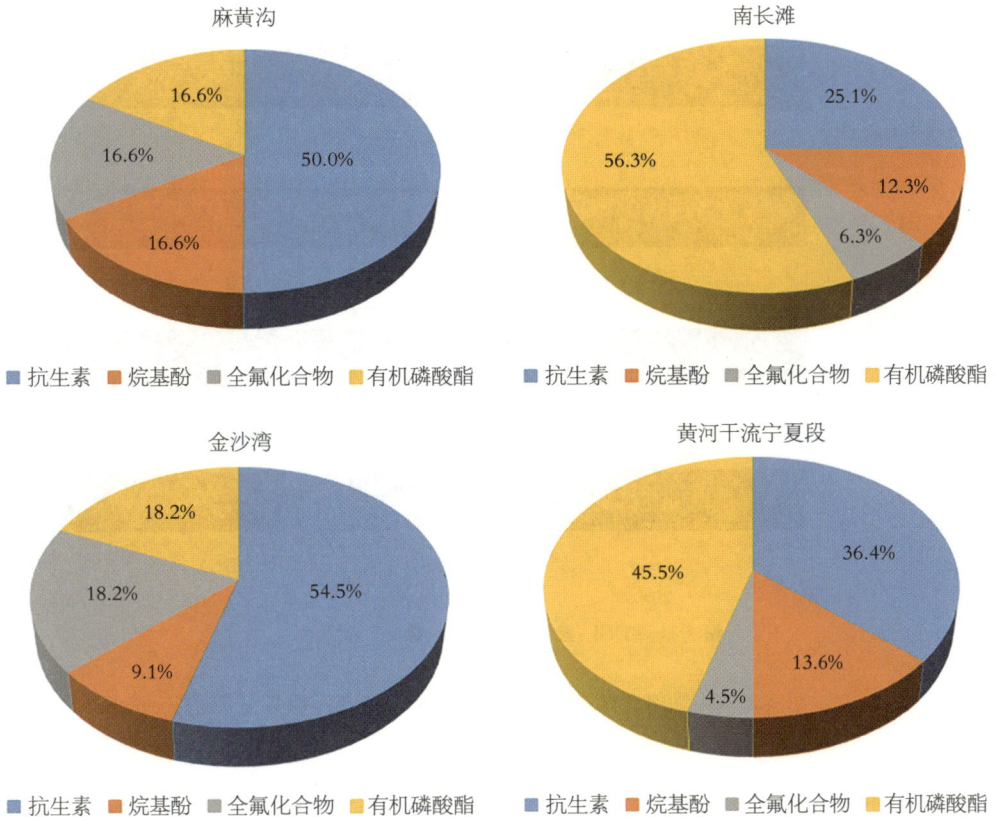

麻黄沟　　　　　　　　南长滩

金沙湾　　　　　　　黄河干流宁夏段

图 4.2-6　黄河干流宁夏段检出项目分布图

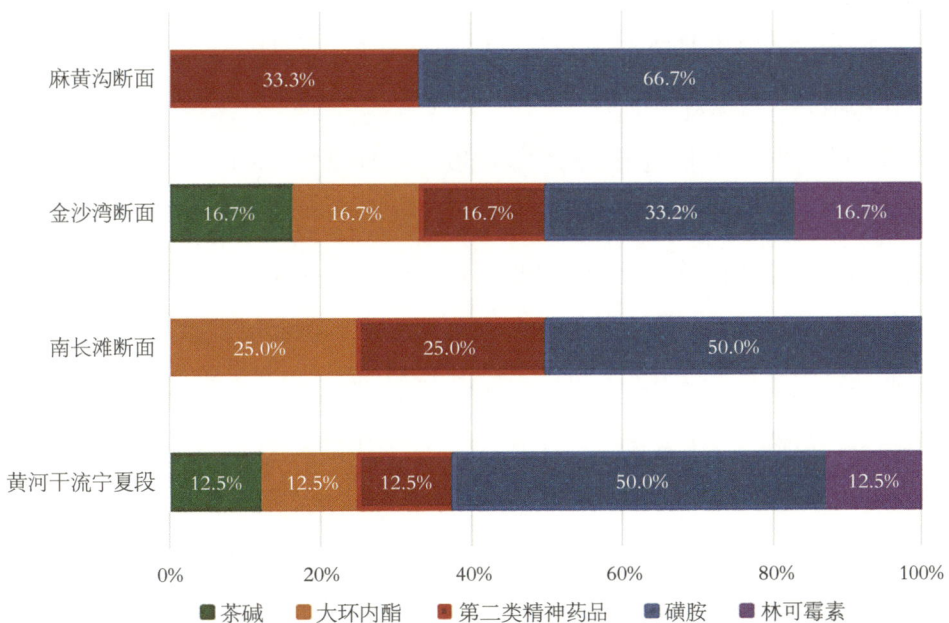

图 4.2-7　黄河干流宁夏段抗生素类检出项目分布图

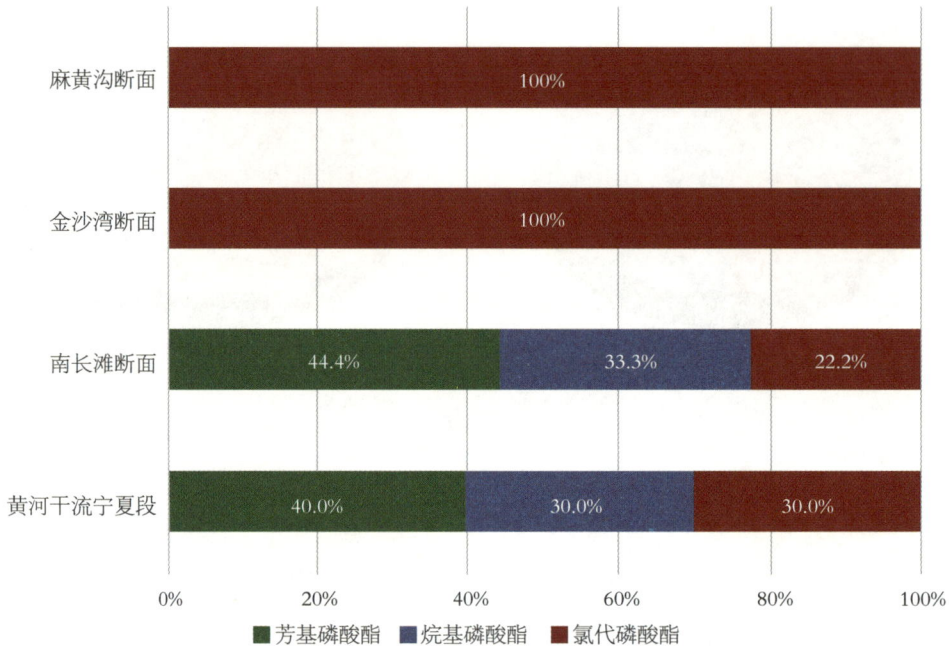

图 4.2-8 黄河干流宁夏段有机磷酸酯类检出项目分布图

90 年代中期就已经被西欧国家禁止使用，但在黄河干流宁夏段各监测断面均有检出，尤其是入境断面和各排水沟入黄口，检出浓度高达 62.4 ng/L，可见我国对这一物质的使用仍较为广泛，这与淮河、太湖等流域的检测结果一致。

烷基酚类污染物主要是 4-支链壬基酚和双酚 A。壬基酚成本低、表面活性高，是我国使用最为广泛的烷基酚类污染物，包含 4-壬基酚、4-支链壬基酚等异构体。2006 年黄河甘肃段研究报道壬基酚污染浓度在 0.24~2.10 μg/L，主要是当时黄河排污口多达百个，且兰州炼油厂三叶公司是国内最大的三家生产壬基酚的企业之一，近年来随着入黄排污口整治及污水处理厂提标改造等措施，壬基酚浓度明显降低，在宁夏入境断面检出的 4-支链壬基酚为 0.034 μg/L，可见治理效果显著。由于壬基酚的亲脂性较强，易于吸附在有机物和颗粒物的表面，因此在黄河干流宁夏段呈沿程降低趋势，虽然在 3 个入黄口均有检出，但在出境断面未检出，表明宁夏壬基酚的排放相对较低。

全氟丁酸作为全氟辛烷磺酸（PFOS）和全氟辛烷羧酸（PFOA）的替代品，使用越来越广泛。在黄河干流宁夏段检出，也是唯一检出的全氟化合物，虽然浓度不高，但 3 个入黄口均有检出，浓度变化不大。

（2）污染来源。从污染来源分析，外源输入的污染因子有 16 项，其中抗生素 4 项，烷基酚 2 项，全氟化合物 1 项，有机磷酸酯 9 项，主要为有机磷酸酯，分别为咖啡因、罗红霉素、磺胺甲噁唑、甲氧苄氨嘧啶、双酚 A、4-支链壬基酚、全氟丁酸、磷酸二苯基异辛酯、磷酸三（4-甲苯）酯、磷酸三（丁氧基乙基）酯、磷酸三（2-氯乙基）酯、磷酸三丁酯、磷酸三乙酯、磷酸三苯酯、三苯基氧化膦、磷酸三（2-氯丙基）酯。内源输出的污染因子有 6 项，其中抗生素 3 项，烷基酚 1 项，全氟化合物 1 项，有机磷酸酯 1 项，主要为抗生素，分别为咖啡因、磺胺氯哒嗪、磺胺甲噁唑、五氯酚、全氟丁酸、磷酸三（2-氯乙基）酯。内源污染因子有 14 项，其中抗生素 7 项，烷基酚 3 项，全氟化合物 1 项，有机磷酸酯 3 项，主要为抗生素，分别为 1，7-二甲基黄嘌呤、咖啡因、克林霉素、罗红霉素、磺胺氯哒嗪、磺胺甲噁唑、磺胺吡啶、双酚 A、4-支链壬基酚、五氯酚、全氟丁酸、磷酸三（2-氯乙基）酯、磷酸三（1，3-二氯异丙基）酯、磷酸三（2-氯丙基）酯。

总之，黄河干流宁夏段外源输入污染因子以有机磷酸酯为主，内源污染及内源输出污染因子以抗生素为主，如图 4.2-9 所示。宁夏区内污染主要为磺胺类抗生素和氯代磷酸酯。

（3）分布特征。从分布特征分析，咖啡因、甲氧苄氨嘧啶、双酚 A、4-支链壬基酚、磷酸二苯基异辛酯、磷酸三（4-甲苯）酯、磷酸三（丁氧基乙基）酯、磷酸三（2-氯乙基）酯、磷酸三丁酯、磷酸三乙酯、磷酸三苯酯、三苯基氧化膦、磷酸三（2-氯丙基）酯共 13 项在黄河干流宁夏段呈现沿程降低的分布趋势（见图 4.2-10），表明该类污染物在水环境中能通过水体自净、分解、沉淀等降低浓度。甲氧苄氨嘧啶、双酚 A、磷酸二苯基异辛酯、磷酸三（4-甲苯）酯、磷酸三（丁氧基乙基）酯、磷酸三丁酯、磷酸三乙酯、磷酸三苯酯、三苯基氧化膦共 9 项只有入境断面检出，表明该类污染物主要为外源输入型污染物，4-支链壬基酚和磷酸三（2-氯丙基）酯在入境断面、金沙湾断面以及入黄排水沟等其他断面均有检出，在出境断面未检出，属内外源型特征污染物。1，7-二甲基黄嘌呤、克林霉素、罗红霉素、磺胺甲噁唑、磺胺吡啶、磷酸三（1，3-二氯异丙基）酯 6 项污染物在黄河干流宁夏段呈现中间累计浓度高、两端浓度低的分布特征，且在工业、生活污水处理厂出水中都有检出，为区域特征污染物，在水环境中能通过水体自净、分解、沉淀等降低浓度，存在这一现象的主要原因是人类生产、生活排放。其中 1，7-二甲基黄嘌

外源输入的污染因子

内源输出的污染因子

57.1%
14.3%
28.6%

16.6%
16.6%
16.6%
50.0%

■抗生素 ■烷基酚 ■全氟化合物 ■有机磷酸酯

■抗生素 ■烷基酚 ■全氟化合物 ■有机磷酸酯

内源污染因子

50.0%
21.4%
7.1%
21.4%

■抗生素 ■烷基酚 ■全氟化合物 ■有机磷酸酯

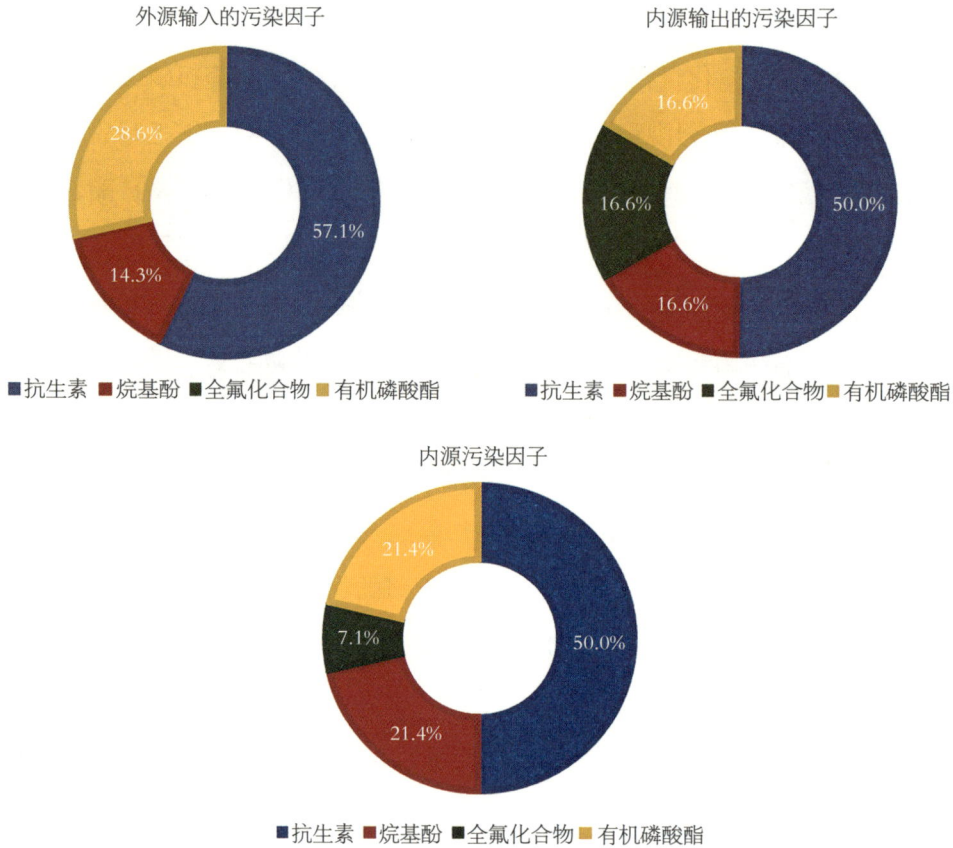

图 4.2-9 黄河干流宁夏段污染来源分布图

呤、克林霉素、磺胺吡啶、磷酸三（1，3-二氯异丙基）酯 4 种污染物只在金沙湾断面检出且浓度较低，为内源型污染物。磺胺氯哒嗪和五氯酚只在出境断面检出，为内源输出型污染物。

4.2.2 入黄断面

4.2.2.1 总体情况

入黄支流及排水沟共设置 3 个断面，共检出 15 项污染物，主要为有机磷酸酯和全氟化合物，可能受周边工业生产中大量使用阻燃剂、表面活性剂、润湿剂等的影响，如表 4.2-3 所示。与黄河干流相比，入黄断面全氟化合物检出种类明显增加，可能受全氟化合物应用行业（如印染、化工）的影响。

泉眼山断面检出 9 项污染物，浓度范围为 1.2~46.5 ng/L，最大浓度污染物为咖啡因；北大沟入黄口检出 13 项，浓度范围为 0.5~65.7 ng/L，最大浓度污染物为磷酸三（2-氯丙基）酯；第三与第五排水沟汇合后入黄口检出 13 项，浓度范围为

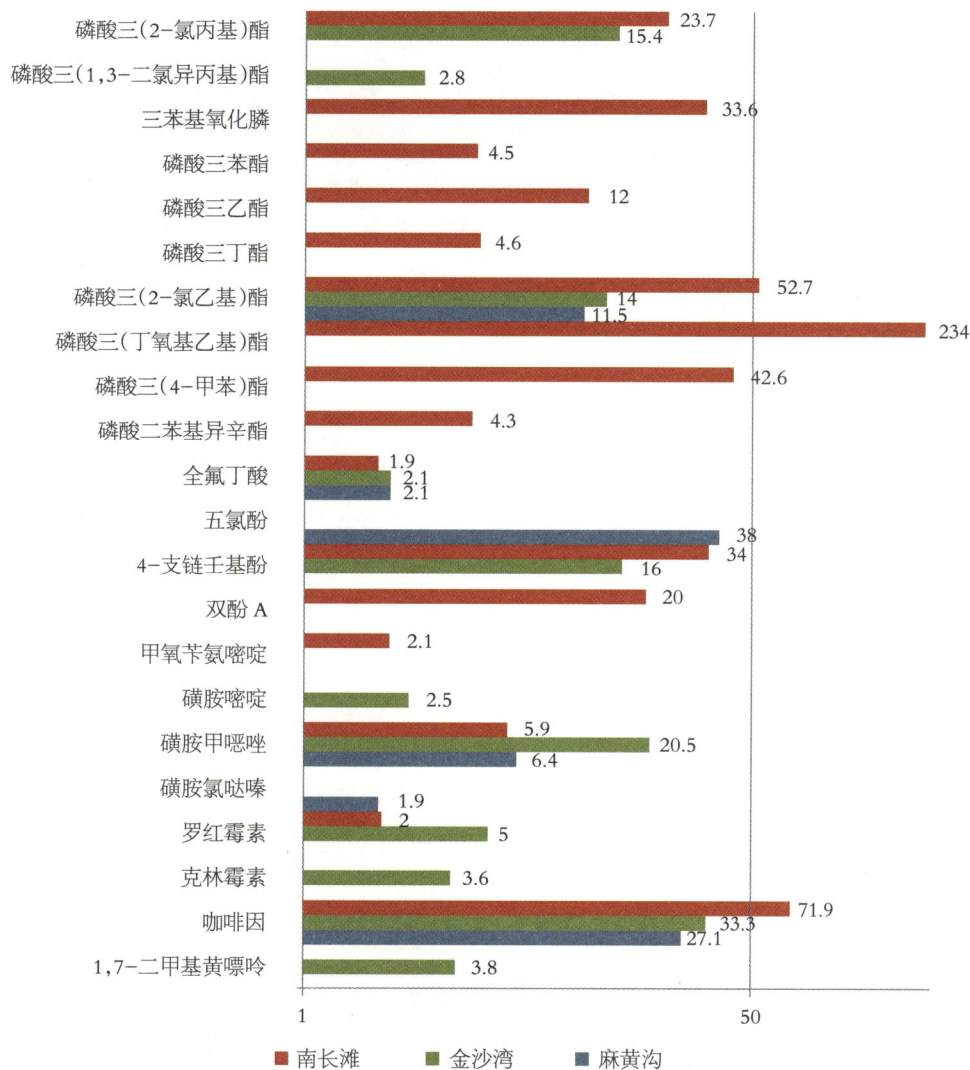

图 4.2-10 黄河干流宁夏段污染物沿程分布图

0.6~62.4 ng/L，最大浓度污染物为磷酸三（2-氯乙基）酯。

  由于各排水沟所接纳的废水来源、水量及处理方式不同，监测的 3 个排水沟入黄口检出污染物的浓度和组成存在差异。泉眼山断面检出污染物以全氟化合物为主，北大沟入黄口和第三、第五排水沟汇合后入黄口全氟化合物和有机磷酸酯检出项目数量相差不大，总和占所有检出项目的比例均为 69.3%。各排水沟检出项目分布如图 4.2-11 所示。

4.2.2.2 沿程浓度变化

  按照黄河干流水流方向，监测断面依次为南长滩、泉眼山、金沙湾、北大沟入

表 4.2-3　入黄口污染物检出情况

序号	监测项目			监测结果/(ng·L⁻¹)		
				清水河入黄口泉眼山	北大沟入黄口	第三与五排水沟汇合后入黄口
1	抗生素	第二类精神药品	咖啡因	46.5	48.8	16.5
2		磺胺类	磺胺甲噁唑	4	6	2.1
3	烷基酚		双酚A	41	ND	ND
4			4-叔丁基苯酚	ND	26	28
5			4-支链壬基酚	31	44	15
6	全氟化合物	全氟烷基羧酸	全氟丁酸	2.4	1.3	2.4
7			全氟辛酸	1.2	0.5	0.6
8			全氟十二烷酸	ND	0.9	1
9			全氟十三烷酸	1.3	1.4	2.6
10		全氟烷基磺酸	全氟辛烷磺酸	1.5	ND	1.8
11	有机磷酸酯	烷基磷酸酯	磷酸三乙酯	ND	15.3	7.7
12			磷酸三异丁酯	ND	4.2	ND
13		氯代磷酸酯	磷酸三（2-氯乙基）酯	8.3	63.6	62.4
14			磷酸三（1，3-二氯异丙基）酯	ND	10.9	3.9
15			磷酸三（2-氯丙基）酯	ND	65.7	21.7

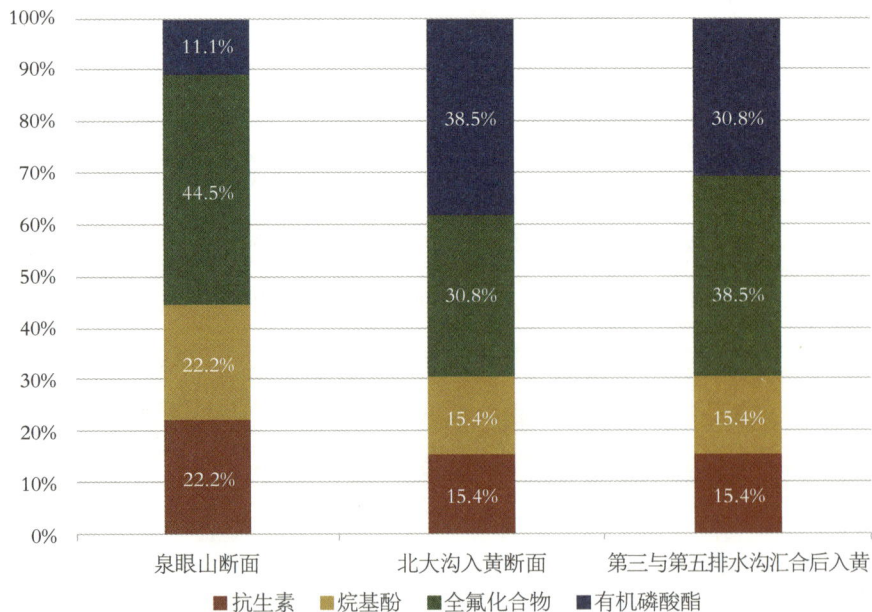

图 4.2-11　入黄断面污染物检出项目分布图

黄口、第三与第五排水沟汇合后入黄口和麻黄沟。黄河干流与排水沟共同检出的项目有9项，相同率为60.0%，分别为咖啡因、磺胺甲噁唑、双酚A、4-支链壬基酚、全氟丁酸、磷酸三（2-氯乙基）酯、磷酸三乙酯、磷酸三（1，3-二氯异丙基）酯和酸三（2-氯丙基）酯，监测结果如表4.2-4所示；有5项污染物（1项有机磷酸酯、4项全氟化合物）在排水沟有较低浓度检出，但在黄河干流均未检出，分别为4-叔丁基苯酚、全氟辛酸、全氟十二烷酸、全氟十三烷酸、全氟辛烷磺酸和磷酸三异丁酯，可能是排水沟与黄河交汇导致的稀释作用及沿程沉降、光解等作用影响了污染物在黄河干流的浓度。

表4.2-4　黄河干流及排水沟入黄口监测结果

序号	监测项目	监测结果/$(ng \cdot L^{-1})$					
		南长滩	泉眼山	金沙湾	北大沟入黄	第三与第五排水沟汇合后入黄	麻黄沟
一		黄河干流和入黄口同时检出污染物					
1	咖啡因	71.9	46.5	33.3	48.8	16.5	27.1
2	磺胺甲噁唑	5.9	4	20.5	6	2.1	6.4
3	双酚A	20	41	ND	ND	ND	ND
4	4-支链壬基酚	34	31	16	44	15	ND
5	全氟丁酸	1.9	2.4	2.1	1.3	2.4	2.1
6	磷酸三（2-氯乙基）酯	52.7	8.3	14	63.6	62.4	11.5
7	磷酸三乙酯	12	ND	ND	15.3	7.7	ND
8	磷酸三（1，3-二氯异丙基）酯	ND	ND	2.8	10.9	3.9	ND
9	磷酸三（2-氯丙基）酯	23.7	ND	15.4	65.7	21.7	ND
二		仅入黄口检出污染物					
1	全氟辛酸	ND	1.2	ND	0.5	0.6	ND
2	全氟辛烷磺酸	ND	1.5	ND	ND	1.8	ND
3	全氟十二烷酸	ND	ND	ND	0.9	1	ND
4	全氟十三烷酸	ND	1.3	ND	1.4	2.6	ND
5	磷酸三异丁酯	ND	ND	ND	4.2	ND	ND

基于 ArcGis 软件，对监测的黄河干支流 6 个断面采用反距离权重插值法（IDW）对检出率较高的咖啡因、4-支链壬基酚、磷酸三（1，3-二氯异丙基）酯、磷酸三（2-氯丙基）酯、磷酸三乙酯、磷酸三（2-氯乙基）酯、磷酸三异丁酯、全氟十二烷酸、磺胺甲噁唑和全氟丁酸共 10 项污染物进行污染含量空间分布特征分析，如图 4.2-12 所示。

咖啡因和 4-支链壬基酚随黄河流向浓度逐渐降低，出境断面检出浓度最低，虽有支流输入，但丰水期水量较大，含氧量充足，且 5~6 月光照时间长，极大地促进了其在水中的降解。

磷酸三（1，3-二氯异丙基）酯、磷酸三异丁酯、磷酸三（2-氯丙基）酯、磷酸三乙酯和磷酸三（2-氯乙基）酯在北大沟入黄断面浓度最高、污染最严重，这可能与北大沟汇水范围分布的建材装饰、电子加工等企业有关。其中磷酸三（1，3-二氯异丙基）酯、磷酸三异丁酯和磷酸三（2-氯丙基）酯在西北、东南方向形成明显的分界，区域分布特征明显，污染影响范围较为集中。

磺胺甲恶唑在金沙湾浓度最高，其余几个监测断面浓度均相对较低，主要污染范围集中在吴忠市，主要受监测断面周边大型奶牛、鸡等养殖企业的影响。全氟丁酸在泉眼山和第三、第五排水沟汇合后入黄口浓度最高，并以这两者为中心向四周降低，污染范围较广。

4.2.2.3 清水河泉眼山断面

（1）污染源分析。清水河主要承接的是原州区、西吉县、海原县、同心县、中宁县、红寺堡区及中卫城区共 3 市 7 县（区）51 个乡镇生活、工业、农业污水，受地域限制，工业化程度较低，分布污染源主要工业类别为非金属矿物制品业、农副食品加工业、食品制造业、黏土及其他土砂石开采、牲畜屠宰以及生活污水处理厂，无化工、医药等重污染企业。

① 工业企业情况。泉眼山断面汇水范围内工业企业污染源共 61 家，其中 21 家企业产生废水（中卫段 7 家企业，吴忠段 14 家企业），其他 40 家企业均不产生生产废水。

中卫段 7 家企业有生产废水的企业，类别分别为黏土及其他土砂石开采（仅砂石开采）、热力生产和供应、保健食品制造、豆制品制造、牲畜屠宰，其中 4 家企业废水循环利用，不外排；1 家企业处理达标后排入中宁县第三污水处理厂后进入

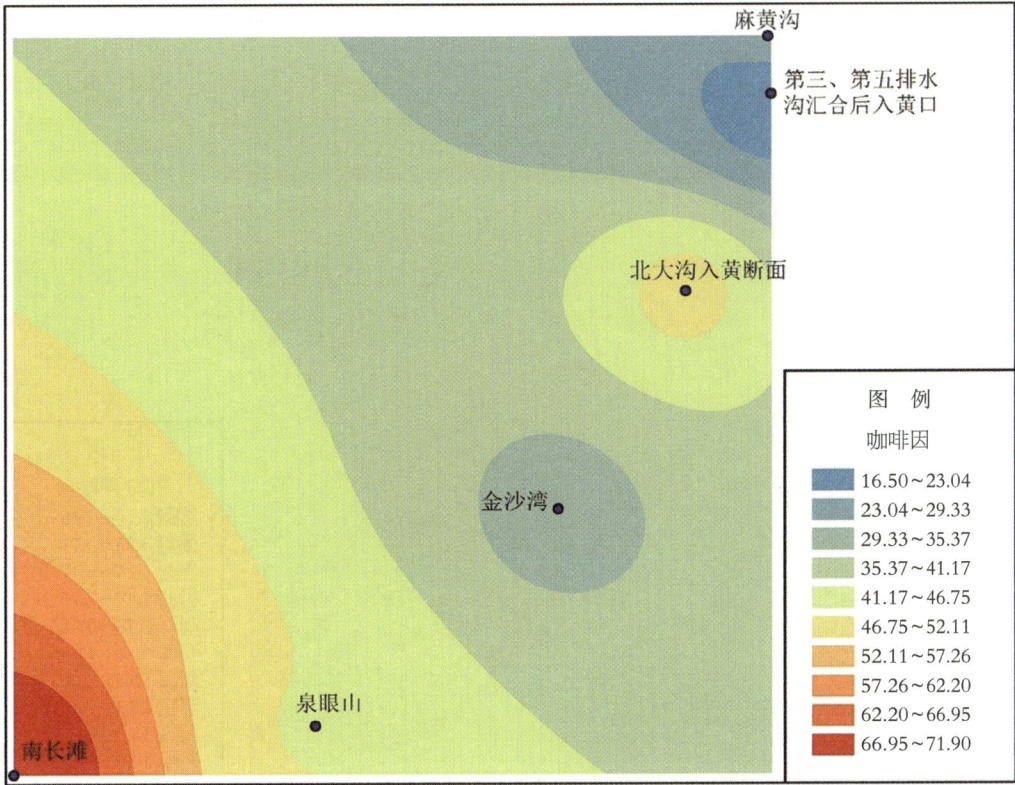

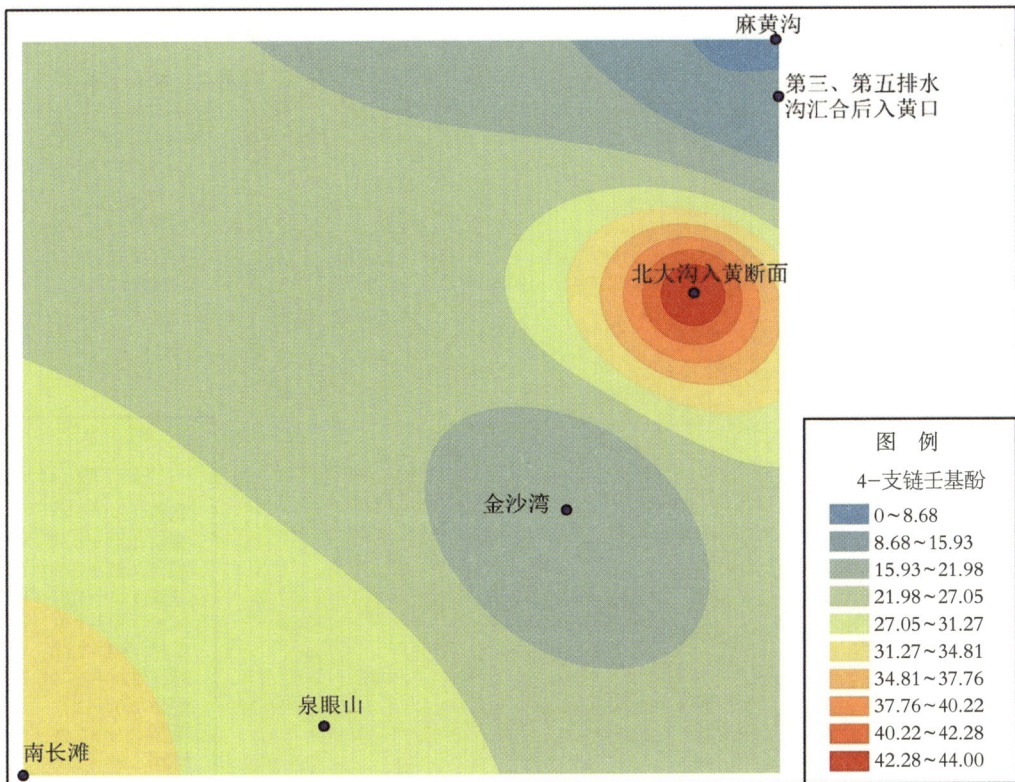

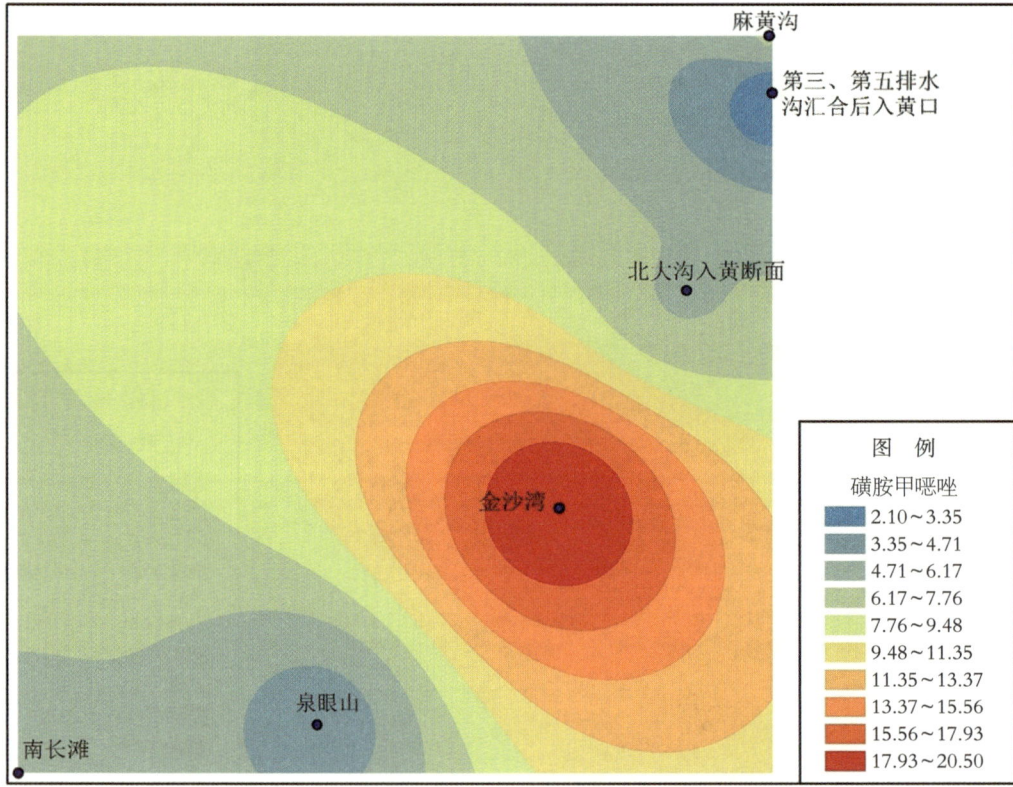

图例

磺胺甲噁唑

■	2.10~3.35
■	3.35~4.71
■	4.71~6.17
■	6.17~7.76
■	7.76~9.48
■	9.48~11.35
■	11.35~13.37
■	13.37~15.56
■	15.56~17.93
■	17.93~20.50

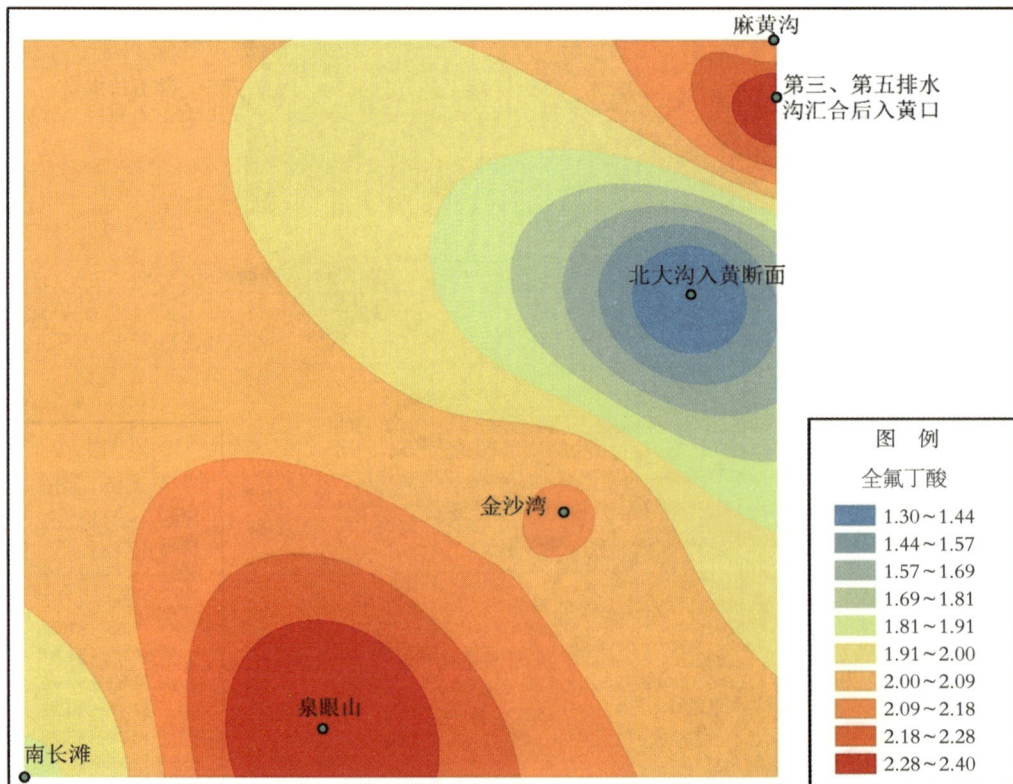

图例

全氟丁酸

■	1.30~1.44
■	1.44~1.57
■	1.57~1.69
■	1.69~1.81
■	1.81~1.91
■	1.91~2.00
■	2.00~2.09
■	2.09~2.18
■	2.18~2.28
■	2.28~2.40

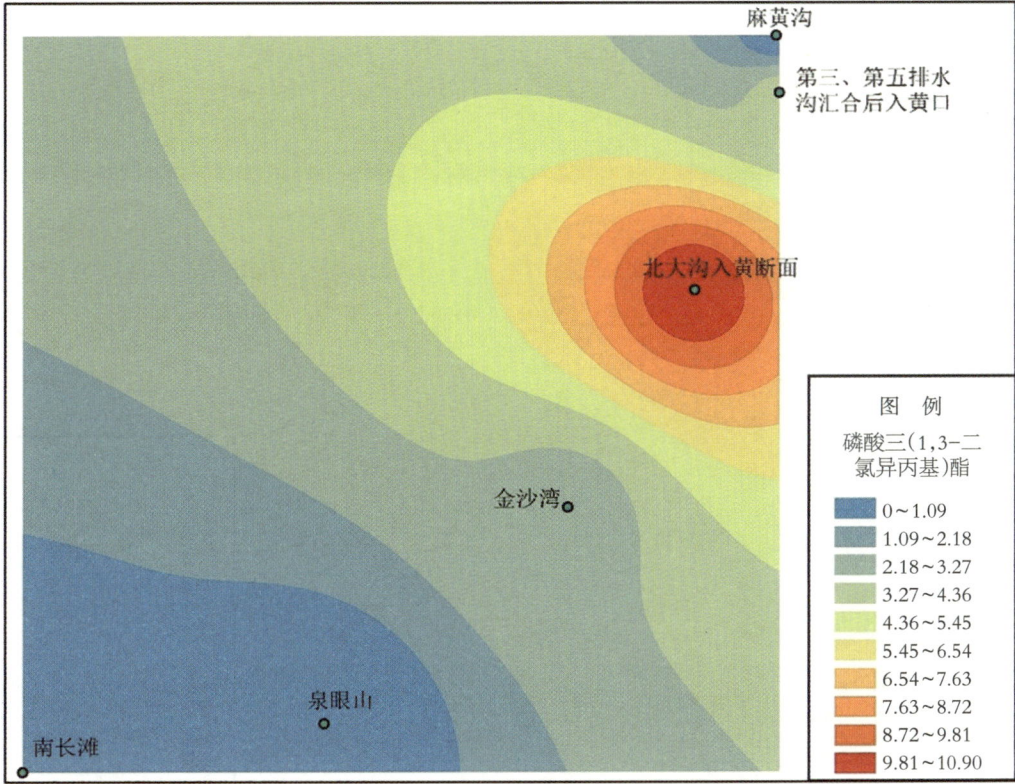

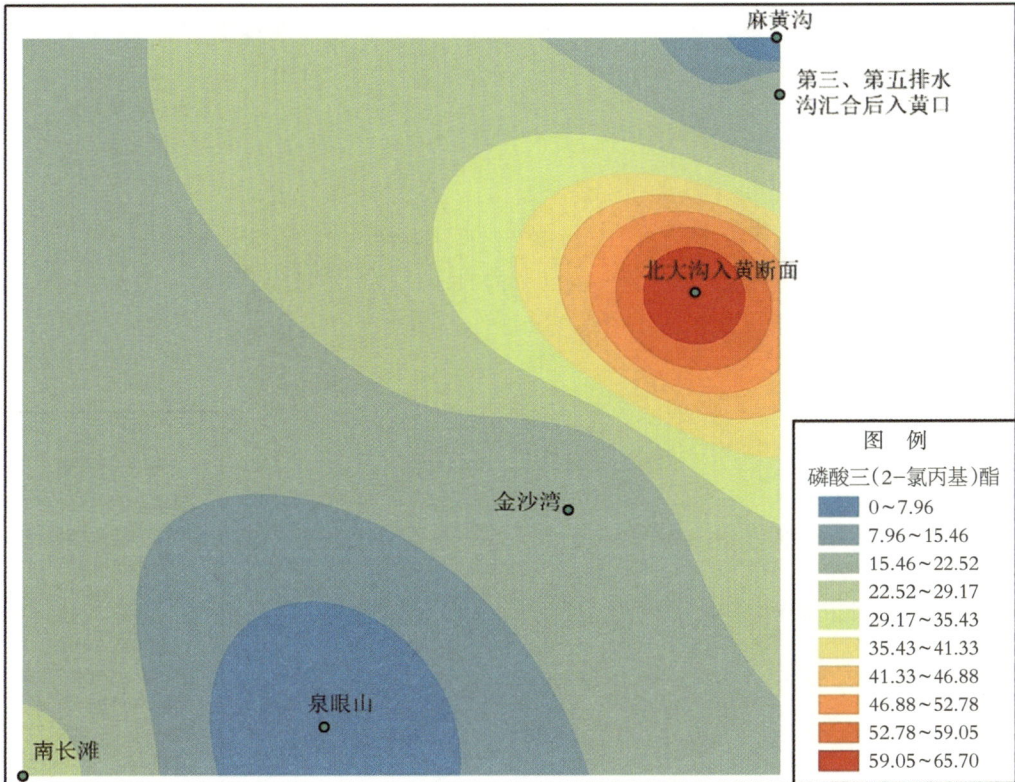

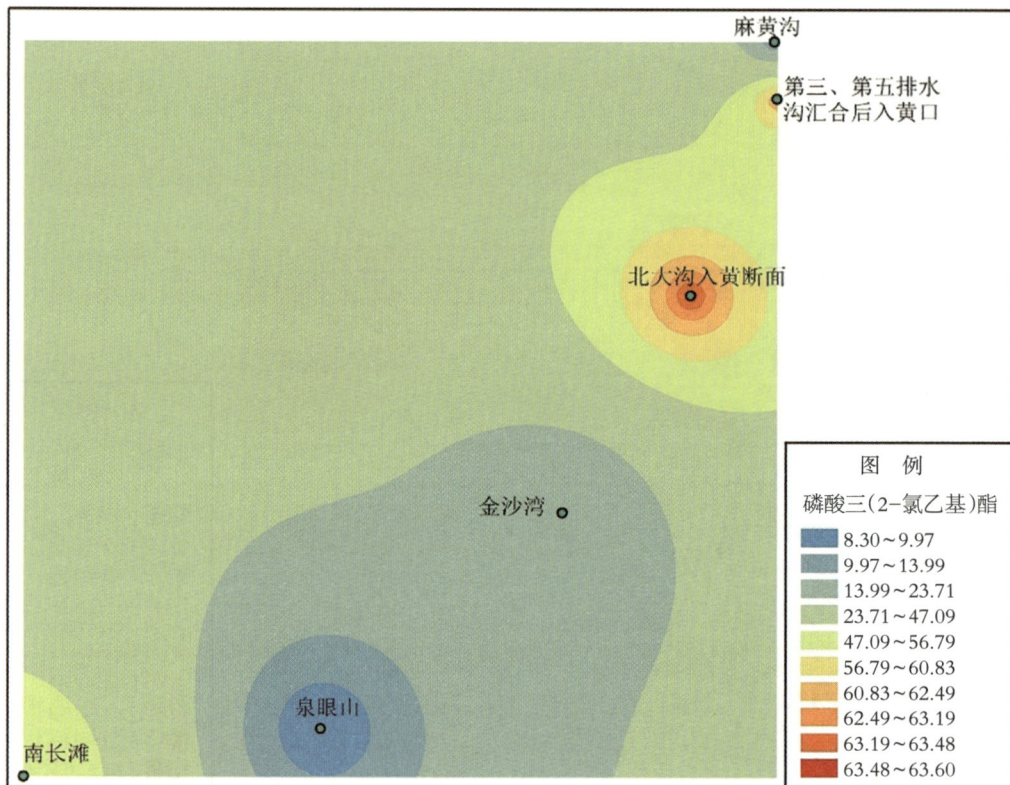

图　例

磷酸三(2-氯乙基)酯

- 8.30～9.97
- 9.97～13.99
- 13.99～23.71
- 23.71～47.09
- 47.09～56.79
- 56.79～60.83
- 60.83～62.49
- 62.49～63.19
- 63.19～63.48
- 63.48～63.60

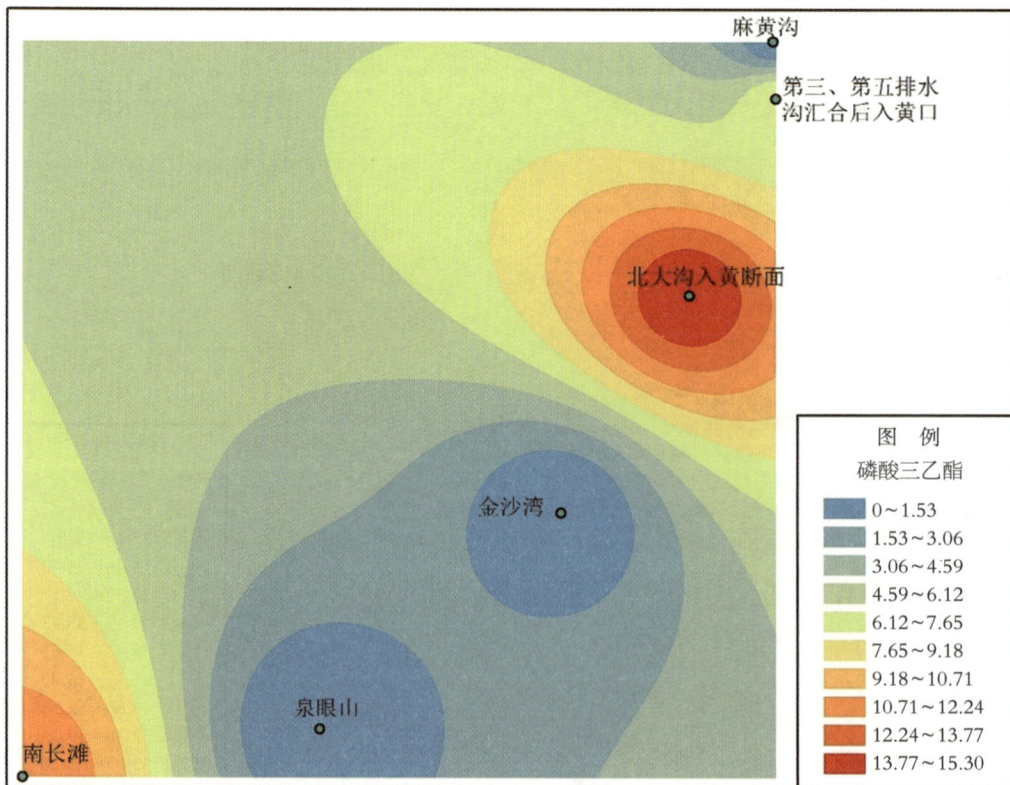

图　例

磷酸三乙酯

- 0～1.53
- 1.53～3.06
- 3.06～4.59
- 4.59～6.12
- 6.12～7.65
- 7.65～9.18
- 9.18～10.71
- 10.71～12.24
- 12.24～13.77
- 13.77～15.30

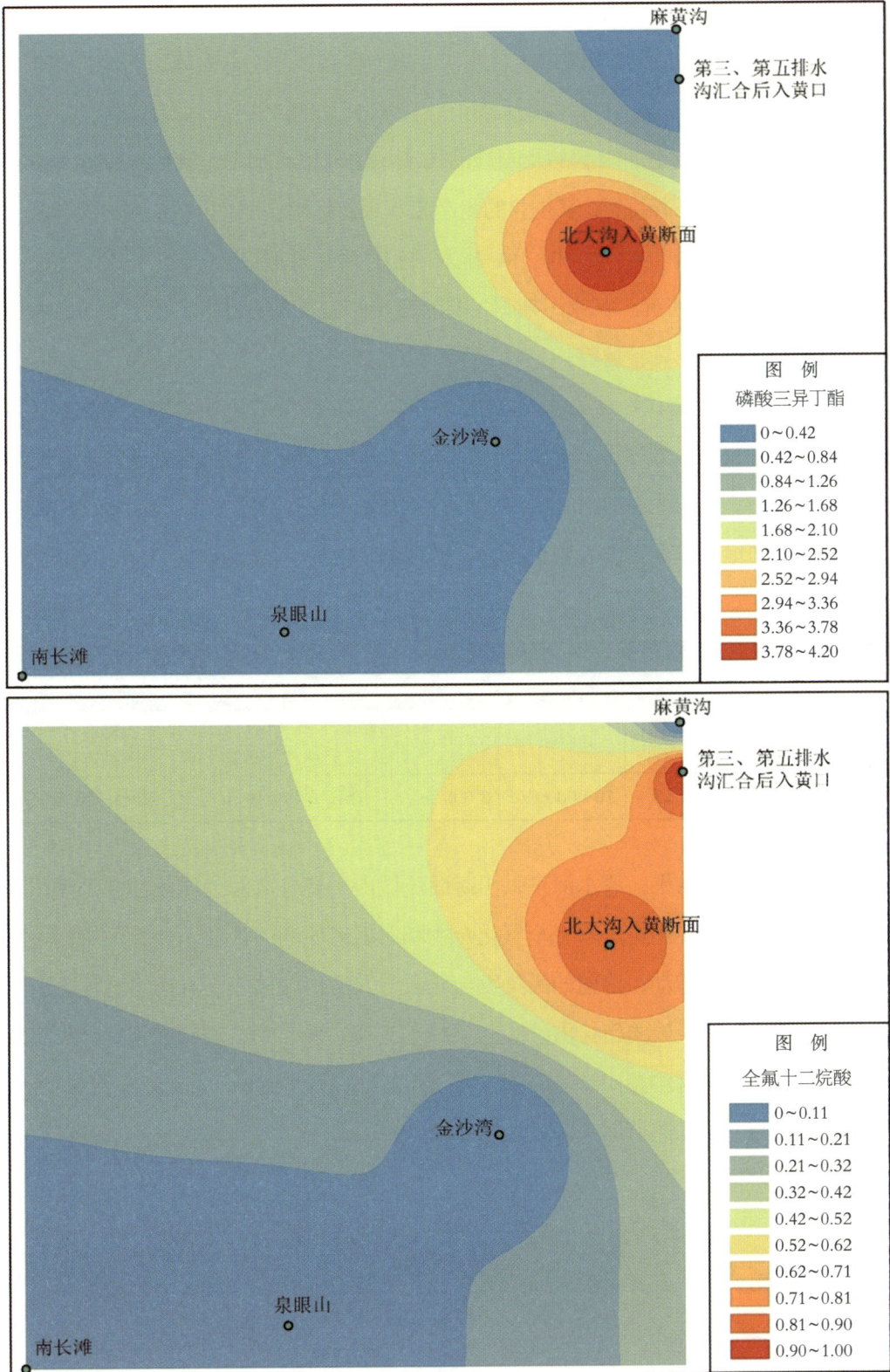

图 4.2-12 污染浓度空间分布

排水沟，最终不进入清水河；2家企业厂内处理达标后排入海兴开发区污水处理厂。

吴忠段14家有生产废水的工业企业，分别为牲畜屠宰、非金属废料和碎屑加工处理、糕点与面包制造、水果和坚果加工、自来水生产和供应、豆制品制造、其他调味品及发酵制品制造、肉制品及副产品加工、建筑用石加工，其中4家企业的生产废水本厂回用，不外排；2家企业的生产废水用作绿化；2家企业的生产废水用于还田；6家企业的生产废水处理达标后排入同心县污水处理厂。

② 农业污染源情况。农业污染源主要为畜禽养殖及农田退水，主要种植作物为小麦、水稻、玉米、马铃薯等。

③ 集中式（排放口）污染源。集中式（排放口）污染源主要为海兴开发区污水处理厂和同心县污水处理厂，无其他入河排污口。海兴开发区污水处理厂实际处理量100万 m³/a，处理后的尾水达到一级A后，进入人工湿地（工艺为潜流+表流）深度净化达到地表水Ⅳ类进入清水河。详见表4.2-5。

表 4.2-5 清水河流域泉眼山断面汇水范围内排污口一览表

序号	沿岸企业名称	设计处理量	排放量	与清水河及支流位置关系	排放量及排放去向
1	海兴开发区污水处理厂	5 000 m³/d	3 000 m³/d	距清水河4 016 m，距苋麻河195 m	湿地—苋麻河—清水河
2	同心县污水处理厂	10 000 m³/d	5 000 m³/d	距清水河219 m	湿地–清水河

根据上述调查结果，清水河泉眼山断面流域内主要排放源为城镇污水处理厂及农业活动，无生产使用烷基酚、全氟化合物和有机磷酸酯的工业企业，污染物主要来源于生活及农业活动；检出的污染物与北大沟入黄口和第三、五排水沟汇合后入黄口相比较少；有机磷酸酯检出磷酸三（2-氯乙基）酯1项，与磺胺甲噁唑和全氟丁酸一样，每升水样中检出浓度只有8 ng左右；磺胺甲噁唑可能来源于畜禽养殖，磷酸三（2-氯乙基）酯可能来源于农业地膜的使用。

（2）对黄河的影响。泉眼山断面检出10项新污染物，检出率5%，浓度范围0.6~46.5 ng/L，与上游断面南长滩和下游断面金沙湾相比，只有磺胺甲噁唑浓度上升，其主要受黄河干流吴忠段流域范围大型养殖场的影响，故泉眼山断面对黄河干流的污染贡献相对较小。

4.2.2.4 北大沟入黄口

（1）污染源分析。北大沟入黄口来水复杂，是银川市将银新干沟、永二干沟、永清沟、中干沟、银东干沟和第二排水沟等 9 条入黄排水沟截流连通，形成长 51.6 km、面积 7.34 km² 的滨河湿地水系，水系水与北大沟汇合后流入黄河，整个流域包含永宁县、兴庆区和贺兰县，如图 4.2-13 所示。

① 工业企业情况。污染来源包括望远工业园区等工业企业、紫荆花纸业有限公司及伊品生物科技股份有限公司，工业化程度较高。

望远工业园区入园企业 376 家，规模以上企业 42 家，主要涵盖设备制造类、建材及装饰材料类、商贸物流类、农副食品加工类、医药制造类、印刷包装类等 6 大产业类别。园区涉水企业通过永宁县第二（望远）污水处理厂处理，出水水质达到一级 A 标准后排入永二干沟。

② 农业污染源情况。主要有沿线周边的农田退排水及畜禽养殖废水。流域内农业面积较大，肥药施用量较大。典型养殖场有银川金马畜禽养殖合作社、飞奶牛场、龙海奶牛场、精品稻麦产销合作社肉牛场、长河湾和杨金平鱼池等，其中多个养殖场距排水沟较近，如银川金马畜禽养殖合作社厂距离第二排水沟 480 m。

根据现场勘察，沿线养殖企业没有排污管道及尾水入沟现象。但目前国家缺乏强制性约束，地方尚无畜牧行业排污标准，场区内牲畜排泄物、养殖饲料投放、随意堆放的饲草及垃圾经下渗、蒸发、雨污混流等，造成空气、地下水、地表水污染。

③ 集中式（排放口）污染源。集中式排放口有永宁县第一污水处理厂、永宁县第二污水处理厂、掌政镇污水处理厂、银川市第五污水处理厂等工业、生活污水处理厂，如表 4.2-6 所示。

根据上述调查结果，北大沟入黄口断面流域内主要排放源为工业企业、生活污水及农业活动，存在生产使用烷基酚、抗生素、全氟化合物和有机磷酸酯的工业企业及畜禽养殖活动，检出的污染物受人类活动影响较大。

（2）对黄河的影响。北大沟入黄口检出 13 项新污染物，检出率 6.5%，浓度范围 0.5~65.7 ng/L，与本次监测的黄河干支流 6 个点位相比，4-支链壬基酚、全氟十二烷酸、磷酸三（1，3-二氯异丙基）酯、磷酸三异丁酯、磷酸三（2-氯丙基）酯、磷酸三乙酯和磷酸三（2-氯乙基）酯 7 项污染物浓度均为最大值，主要受周边化

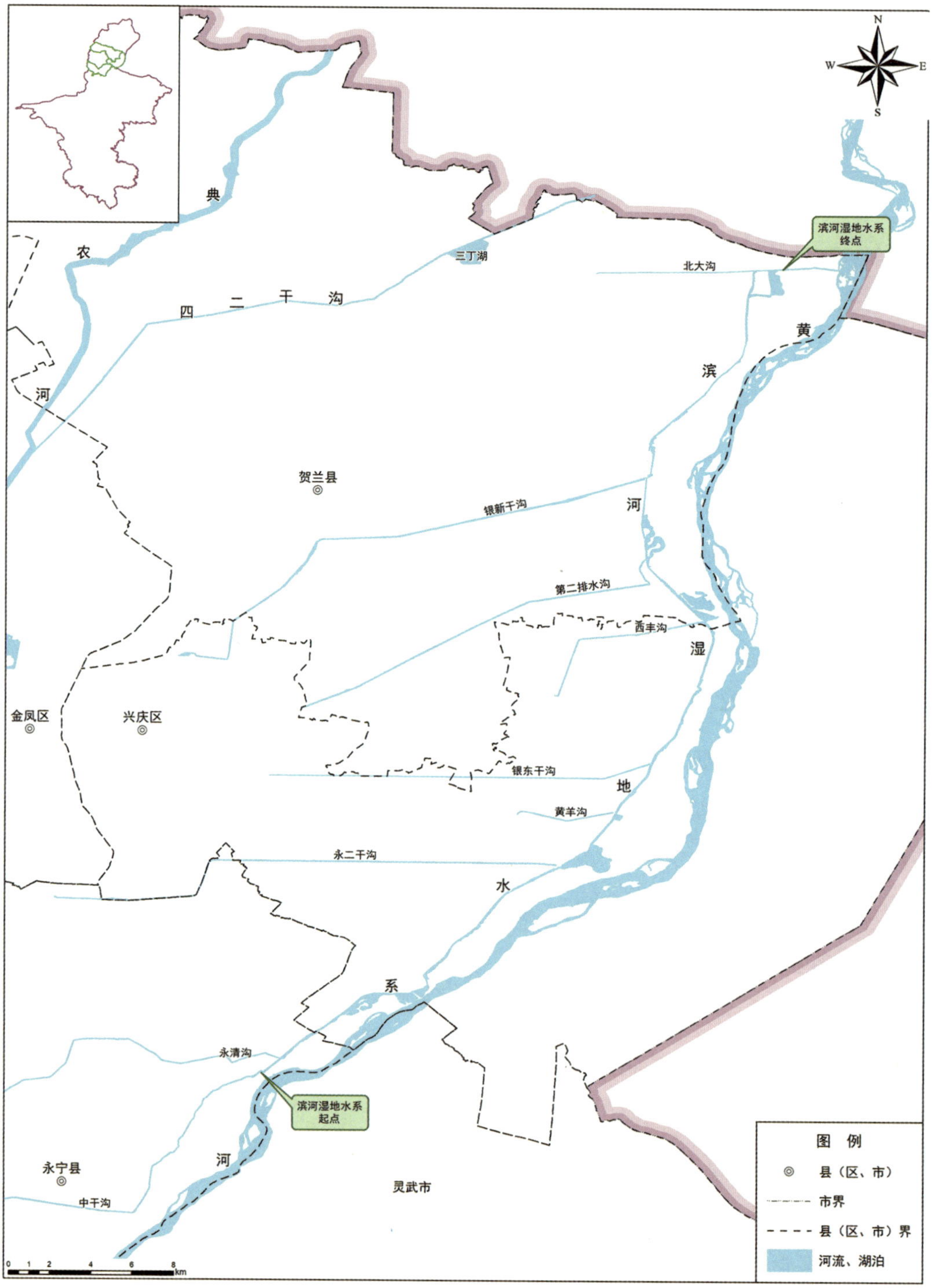

图 4.2-13　滨河水系示意图

表 4.2-6　北大沟流域汇水范围内排污口一览表

序号	沿岸企业名称	所属区域	排放量及排放去向	废水类型
1	永宁县第一污水处理厂	永宁县	永二干沟—北大沟汇合—黄河	
2	永宁县第二污水处理厂	永宁县	永二干沟—北大沟汇合—黄河	工业污水
3	掌政镇污水处理厂	贺兰县	永二干沟—北大沟汇合—黄河	
4	银川市第五污水处理厂	兴庆区	第二排水沟—北大沟汇合—黄河	
5	望远工业园区污水处理厂	永宁县	永清沟—北大沟汇合—黄河	
6	紫荆花纸业有限公司污水排口	永宁县	中干沟—北大沟汇合—黄河	工业污水
7	第一再生水厂	西夏区	银新干沟—北大沟汇合—黄河	
8	宁夏伊品生物科技股份有限公司排口	永宁县	中干沟—北大沟汇合—黄河	工业污水
9	永宁县第七污水处理厂	永宁县	第二排水沟—北大沟汇合—黄河	
10	金贵镇污水处理厂	贺兰县	第二排水沟—北大沟汇合—黄河	
11	贺兰县联合水务有限公司污水处理厂排污口	贺兰县	银新干沟—北大沟汇合—黄河	生活+德胜园区

工、建材装饰、纺织品加工等企业的影响。检出的 13 项新污染物汇入黄河后，受水体自净、稀释、光解等作用影响，在麻黄沟断面，浓度均有不同程度的降低。

4.2.2.5　第三、第五排水沟汇合后入黄口

（1）污染源分析。第三、第五排水沟汇合后入黄口来水包括第三排水沟和第五排水沟。第三排水沟主要承接贺兰县、平罗县、惠农区及农垦系统农田排水、贺兰山东麓山洪排泄、平罗工业园区、暖泉工业区等工业废水、生活污水，跨度长、污染点源多。第五排水沟主要承接平罗县、惠农区农田退排水，少量乡镇生活污水和农产品加工企业废水。

①工业企业情况。第三、第五排水沟汇合后入黄口汇水范围内工业企业污染源主要包括贺兰工业园区暖泉片区、平罗工业园区工业企业等。

暖泉片区以新型材料产业和医药化工产业为主，有医药化工企业 21 家，涉水的重污染企业有宁夏全盛金属表面处理有限公司、宁夏宗利冶金有限公司、银川百弘化工有限公司、宁夏庆丰丰达科技有限公司等，依托宁夏鸿泽净水有限公司污水处理厂集中处理，出水达到《城镇污水处理厂污染物排放标准》（GB 18918—2002）中一级 A 标准后经湿地再次净化，排入三二支沟，在平罗县汇入第三排水沟，最终流

入黄河。

平罗工业园区由医药产业园、精细化工园和循环经济园组成。医药产业园位于平罗县中部，现有企业 69 家，其中 58 家正常运行，11 家为停产企业，以化工、化学农药制造、铁合金冶炼、石墨及炭制品制造、建材等行业为主，重点企业有大地集团、贝利特化学股份有限公司、晟晏能源、吉元冶金、汇源果汁、银晨太阳能等，涉水企业经德渊污水处理有限公司集中处理，出水水质达到《城镇污水处理厂污染物排放标准》（GB 18918—2002）中一级 A 标准，经威镇湖人工湿地再次净化后进入第三排水沟，在惠农区汇入第三、第五排水沟。精细化工园区位于平罗县东北部红崖子乡，现有企业 45 家，其中规模化以上企业 13 家，涉及化工、冶金、电力、生物医药、煤化工等行业，重点企业有宁夏新龙蓝天科技股份有限公司、宁夏思科达生物科技有限公司、宁夏康德权生物科技有限公司等，涉水企业经精细化工园的污水处理厂处理达到《城镇污水处理厂污染物排放标准》（GB 18918—2002）中一级 A 标准进入规划配套中水回用系统处理后回用，不外排。循环经济园位于平罗县西部崇岗镇，以煤化工、炼焦、活性炭等产业为主，涉水企业废水经平罗工业园区循环经济试验园污水处理厂出水水质达到《城镇污水处理厂污染物排放标准》（GB 18918—2002）中一级 A 标准后进入第三排水沟，在惠农区汇入第三、第五排水沟。

② 农业污染源情况。农业污染源主要为畜禽养殖、水产养殖及农田退排水，尤其是第三排水沟沿岸，水产养殖和畜禽养殖业较为发达。根据现场勘察，沿线养殖企业没有排污管道及尾水入沟现象。

③ 集中式（排放口）污染源。集中式（排放口）污染源主要为平罗县第一与第二污水处理厂、平罗工业园区循环经济试验园污水处理厂及平罗工业园区医药产业园污水处理厂等 14 个，详见表 4.2-7，如图 4.2-14 所示。

根据上述调查结果，第三、第五排水沟汇合后入黄口汇水范围内主要排放源有医药化工、汽车装饰等工业企业、水产养殖、畜禽养殖，存在生产使用烷基酚、全氟化合物、抗生素和有机磷酸酯的工业企业及农业活动，检出的污染物受人类活动影响较大。

（2）对黄河的影响。第三、第五排水沟汇合后入黄口检出 13 项新污染物，检出率 6.5%，浓度范围 0.6~62.4 ng/L，与本次监测的黄河干支流 6 个点位相比，与北大沟入黄口监测结果较为相近，检出组分相似，浓度略低，主要受周边化工、汽车装

表 4.2-7　第三、第五排水沟流域汇水范围内排污口一览表

序号	沿岸企业名称	所属区域	排放量及排放去向	废水类型
1	平罗县第一、第二污水处理厂	平罗县	第三排水沟—第三、第五排水沟汇合—黄河	
2	平罗工业园区循环经济试验园污水处理厂	平罗县	第三排水沟—第三、第五排水沟汇合—黄河	工业污水
3	平罗工业园区医药产业园污水处理厂	平罗县	第三排水沟—第三、第五排水沟汇合—黄河	工业污水
4	石嘴山第四污水处理厂	惠农区	第五排水沟—第三、第五排水沟汇合—黄河	
5	礼和乡氧化塘排污口	惠农区	第五排水沟—第三、第五排水沟汇合—黄河	
6	宁夏昊玉种业有限公司	平罗县	第五排水沟—第三、第五排水沟汇合—黄河	
7	姚伏镇污水处理站	平罗县	第五排水沟—第三、第五排水沟汇合—黄河	
8	渠口乡污水处理站	平罗县	湿地—第五排水沟—第三、第五排水沟汇合—黄河	
9	头闸镇人工湿地	平罗县	正闸农排水沟—第五排水沟—第三、第五排水沟汇合—黄河	
10	黄渠桥镇红光村人工湿地	平罗县	第五排水沟—第三、第五排水沟汇合—黄河	
11	宝丰镇人工湿地	平罗县	第五排水沟—第三、第五排水沟汇合—黄河	
12	灵沙乡污水处理站	平罗县	第五排水沟—第三、第五排水沟汇合—黄河	
13	通伏乡污水处理站	平罗县	第五排水沟—第三、第五排水沟汇合—黄河	
14	渠口村污水处理站	平罗县	第五排水沟—第三、第五排水沟汇合—黄河	

饰、水产养殖等影响。检出的 13 项新污染物汇入黄河后，受水体自净、稀释、光解等作用影响，在麻黄沟断面，浓度均有不同程度的降低，尤其是全氟化合物，在麻黄沟断面均未检出。

4.2.3　地下水

地下水设置 1 个监测点位，共检出 7 项污染物，其中抗生素 4 项，烷基酚 1 项，有机磷酸酯 2 项，浓度范围在 1.8~245.7 ng/L，分布如图 4.2-15 所示。地下水中检出的新污染物含量均处于较低水平，明显低于地表水，一方面是因为地下水周边为村庄农田，无工业企业，主要污染源为农牧业活动；另一方面是因为土壤吸附和微生物降解等作用使得抗生素等污染物在通过含水层进入地下水的过程中发生了浓度的降低。

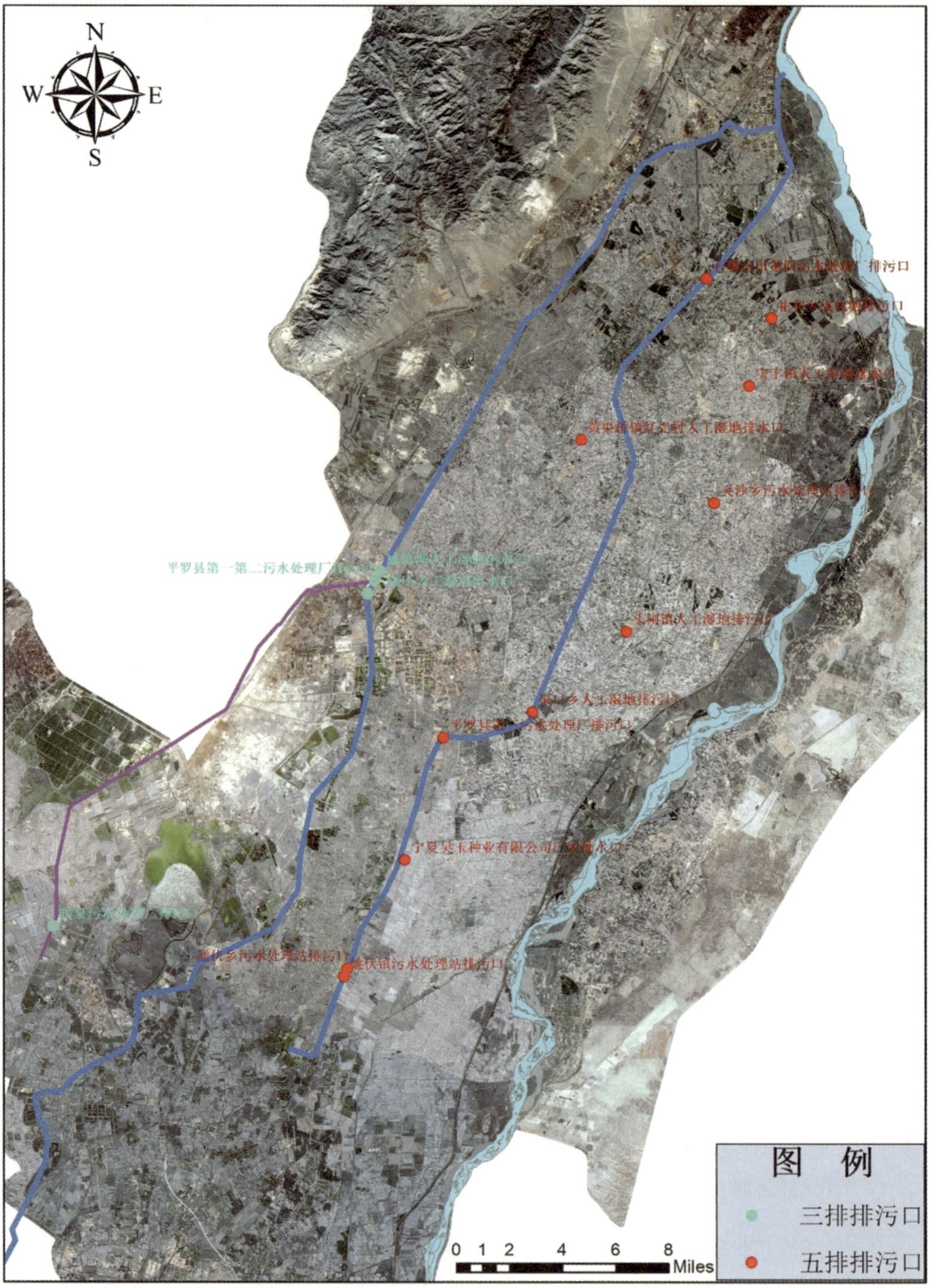

图 4.2-14　第三、第五排水沟排污口分布图

外源输入的污染因子

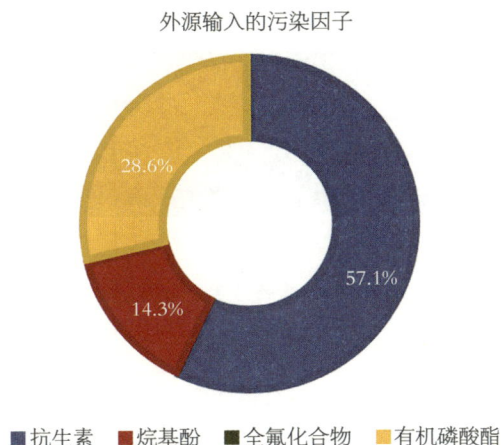

图 4.2-15 污染物分布图

　　监测结果表明咖啡因及其衍生物1，7-二甲基黄嘌呤浓度较高，主要是地下水周边人口密集，存在人类活动的影响。多西环素和四环素主要用于养殖，该地下水周边以基本农田为主，无大型养殖场，可能受散养家禽排泄物及农田灌溉水下渗影响，浓度较低，每升水样中检出浓度只有 3 ng 左右。磷酸三（2-氯乙基）酯和磷酸三（2-氯丙基）酯两种氯代磷酸酯含量较高，主要是因为氯代磷酸酯依靠光降解，地下水相对封闭，见光难，水体交换作用小，自净能力差，容易富集，一旦污染，较难去除。

4.2.4　工业源和生活源

　　工业源分别采集了医药产业园污水处理厂和煤化工园区污水处理厂的总排口废水，监测结果见表4.2-8。

表 4.2-8　工业生活源监测结果

序号	监测项目		监测结果/(ng·L⁻¹)		
			医药产业园污水处理厂	煤化工园区污水处理厂总排口	第一再生水厂总排口
1	第二类精神药品	咖啡因	5.2	48.6	8.7
2	抗生素	大环内酯 阿奇霉素	ND	ND	93.5
3		罗红霉素	ND	27.5	27.8
4		β内酰胺 头孢噻肟	ND	ND	4.7
5		喹诺酮 环丙沙星	ND	ND	2.6

续表

序号	监测项目			监测结果/(ng·L⁻¹)		
				医药产业园污水处理厂	煤化工园区污水处理厂总排口	第一再生水厂总排口
6	抗生素	喹诺酮	加替沙星	ND	ND	0.9
7			莫西沙星	ND	ND	7.2
8			诺氟沙星	ND	18.7	69.2
9			氧氟沙星/左氧氟沙星	ND	24.8	101.9
10			吡哌酸	ND	ND	1.6
11		磺胺类	磺胺嘧啶	ND	ND	4.8
12			磺胺甲噁唑	ND	25.8	50
13			磺胺吡啶	ND	7.5	33.4
14			甲氧苄氨嘧啶	ND	ND	6
15		抗炎药	布洛芬	ND	ND	6
16		林可霉素	克林霉素	ND	ND	52.5
17	烷基酚		4-叔丁基苯酚	ND	59	43
18			4-支链壬基酚	10	52	126
19	全氟化合物	全氟烷基羧酸	全氟丁酸	14.9	9.5	6.2
20			全氟戊酸	12.9	0.4	0.5
21			全氟己酸	2.7	1.9	1.1
22			全氟庚酸	0.7	1.8	ND
23			全氟辛酸	4.2	18.4	2.6
24			全氟壬酸	ND	1.1	ND
25			全氟十三烷酸	0.9	ND	ND
26		全氟烷基磺酸	全氟辛烷磺酸	8.9	85.2	2.6
27			全氟庚烷磺酸	ND	0.9	ND
28			全氟己烷磺酸	ND	0.7	ND
29			全氟丁烷磺酸	ND	1	1
30	有机磷酸酯	烷基磷酸酯	磷酸三丁酯	3.1	4	4.5
31			磷酸三乙酯	10.2	28.3	39.7
32			磷酸三异丁酯	ND	4.8	15

续表

序号	监测项目			监测结果/(ng·L⁻¹)		
				医药产业园污水处理厂	煤化工园区污水处理厂总排口	第一再生水厂总排口
33	有机磷酸酯	芳基磷酸酯	磷酸三苯酯	ND	3.4	ND
34			三苯基氧化膦	ND	86	46.5
35		氯代磷酸酯	磷酸三（2-氯乙基）酯	54.2	541.1	194.4
36			磷酸三（1，3-二氯异丙基）酯	6.1	30.7	47.2
37			磷酸三（2-氯丙基）酯	36.6	240	302

　　检出污染物分布如图 4.2-16 所示，医药产业园污水处理厂检出污染物 14 项，浓度范围为 0.7~52.4 ng/L，其中全氟化合物 7 项，有机磷酸酯 5 项；煤化工园区污水处理厂检出污染物 26 项，浓度范围为 0.4~541.1 ng/L，其中抗生素 6 项，全氟化合物 10 项，有机磷酸酯 8 项；第一再生水厂检出 31 项污染物，其中抗生素 16 项，烷基酚 2 项，全氟化合物 6 项，有机磷酸酯 7 项，浓度范围为 0.6~302 ng/L。受来

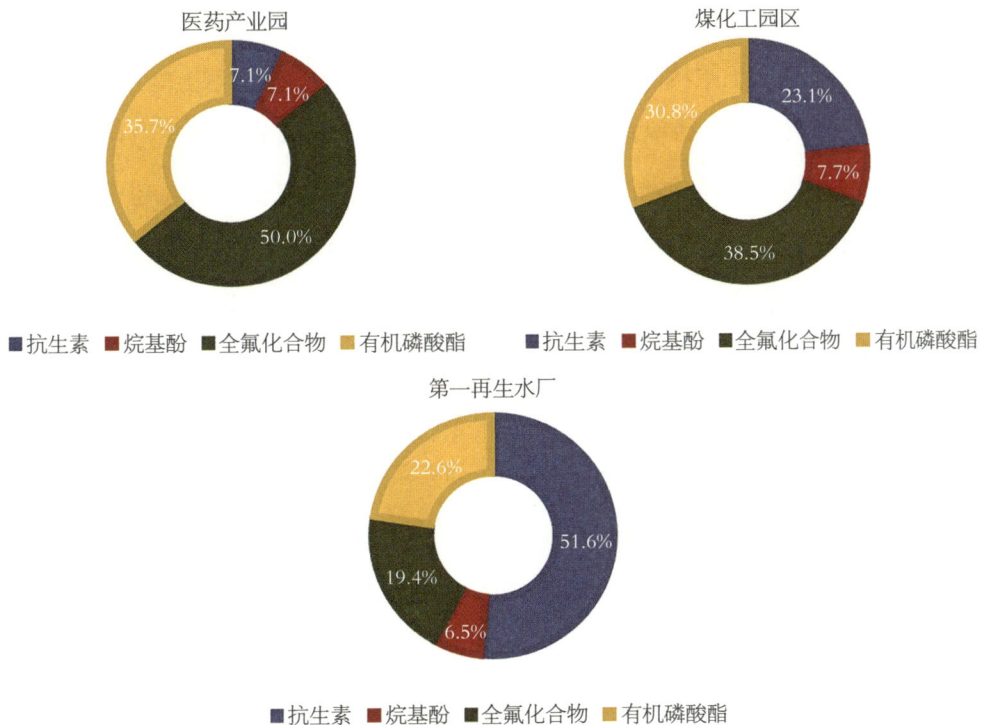

图 4.2-16　检出污染物分布图

水的影响，工业源的主要污染物为全氟化合物和有机磷酸酯，生活源的主要污染物为抗生素。

4.2.4.1　医药产业园污水处理厂

（1）园区基本情况。园区现有 69 家企业，其中 58 家企业正常运行，11 家企业停产，以发展化工、化学农药制造、铁合金冶炼、石墨及炭制品制造、建材等行业为主。

（2）园区污水处理厂情况。污水处理厂占地约 4.00 km²，设计处理规模为 2.5 万 m³/d，目前实际处理量约 8 000 m³/d，主要处理医药产业园内经二级生化处理后的生产废水及生活污水，出水水质达到《城镇污水处理厂污染物排放标准》(GB 18918—2002)中一级 A 标准后，排入第三排水沟。

（3）污染来源分析。从该污水处理受纳水体来源、工艺可知，存在有机氯农药生产来源，存在抗生素生产来源，但不在本次检测的 55 种抗生素的范围内，无烷基酚、全氟化合物生产来源。根据检测结果，全氟化合物和有机磷酸酯主要来源于生产生活使用。

4.2.4.2　煤化工园区污水处理厂

（1）园区基本情况。煤化工园区重点规划特大型煤气化、煤液化生产装置，发展清洁能源和基础化工原料以及深加工产业，规模化以上企业大约 20 家。

（2）园区污水处理厂情况。煤化工园区污水处理厂目前处理量约为 0.3 万 m³/d，约占全部处理能力负荷的 30%，采用两项 A－MSBR＋臭氧催化氧化塔＋MBAF＋过滤＋中水回用工艺处理园区内涉水企业的工业、生活污水，出水水质达到《城市污水再生利用　城市杂用水水质》（GB/T 18920—2020）中城市绿化水质标准和《城市污水再生利用　景观环境用水水质》（GB/T 18921—2019）中水景类水质标准后，部分用于绿化，部分进入煤化工园区集水池回用。

对其污染来源进行分析，发现该污水处理厂存在烷基酚、全氟化合物及有机磷酸酯生产使用来源，无抗生素生产使用来源。根据检测结果，全氟化合物和有机磷酸酯主要来源于生产生活使用。

4.2.4.3　第一再生水厂

第一再生水厂是城镇生活污水处理厂，来水为生活废水，服务范围东起四三支沟、南至"南环高速、永二干沟"一线，西以"唐徕渠、典农河、G109 国道"一线为界，北达第四排水沟，出水达到一级 A 后进入银新干沟，汇入北大沟，最终流入黄河。

对比排水沟、工业及生活源监测结果，发现第一再生水厂检出的抗生素是所监测的断面中种类最多，浓度最高的点位。除了工业源及排水沟共同检出的咖啡因及磺胺甲恶唑，阿奇霉素、罗红霉素、头孢噻肟、加替沙星、氧氟沙星、诺氟沙星、莫西沙星、环丙沙星、布洛芬等人畜共用抗生素被检出，其中阿奇霉素、氧氟沙星检出浓度较高。一方面是因为第一再生水厂服务范围广，接收的来水复杂，而当前污水处理工艺对抗生素的去除效果较低，使污水处理厂出水中仍然含有较高抗生素浓度残留；另一方面是因为这些抗生素使用广泛，喹诺酮等抗生素在水中半衰期较长且不易降解，检出浓度较高。

由于来水为生活污水，检出的咖啡因及全氟化合物浓度很低，主要是生活中使用的物品等释放产生，而有机磷酸酯是所监测断面浓度最高的，表明此类污染物主要来源是人类生活。值得注意的是，咖啡因在所有断面都有检出，而生活污水处理厂检出浓度较低，表明工业对其浓度贡献较大；磺胺甲恶唑在生活源检出浓度最高，表明人类生活及畜禽养殖对其贡献均较大。

4.3 生态风险评估

分别计算了检出的 47 项污染物对鱼类、大型潘、藻类的风险熵，结果如图 4.3-1 至图 4.3-3 所示。对鱼类，47 项检出污染物中磷酸三（4-甲苯）酯、磷酸三（2-氯乙基）酯、三苯基氧化膦、磷酸三（1，3-二氯异丙基）酯、磷酸三（2-氯丙基）酯、双酚 A、4-支链壬基酚和五氯酚共 8 项污染物的 HQ 大于 0.01 小于 0.1，呈低风险，其余 39 项检出污染物的 HQ 均小于 0.01，无风险。对大型潘，47 项检出污染物中三苯基氧化膦、全氟辛酸、全氟十二烷酸和 4-支链壬基酚共 4 项污染物的 HQ 大于 0.01 小于 0.1，呈低风险，其余 43 项检出污染物的 HQ 均小于 0.01，无风险。对藻类，47 项检出污染物中三苯基氧化膦和 4-支链壬基酚 2 项污染物的 HQ 大于 0.01 小于 0.1，呈低风险，其余 45 项检出污染物的 HQ 均小于 0.01，无风险。相比较而言，各类检出污染物质对鱼类的风险更大。

从监测断面来看，对鱼类而言，麻黄沟、北大沟入黄口和地下水各有 1 项、泉眼山有 2 项、南长滩有 3 项、煤化工园区污水处理厂总排口有 4 项、第一再生水厂有 5 项污染物呈低生态风险，第一再生水厂对鱼类存在生态风险的污染物种类最多，占所有存在生态风险污染物的 10.6%；对大型溞而言，三五排水沟入黄口、北

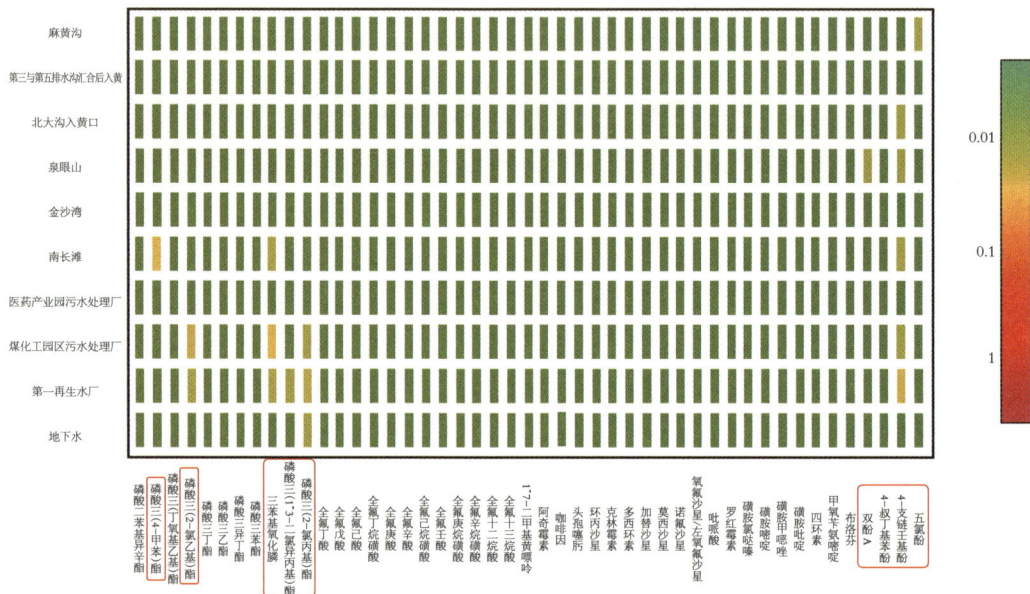

图 4.3-1　鱼类生态风险

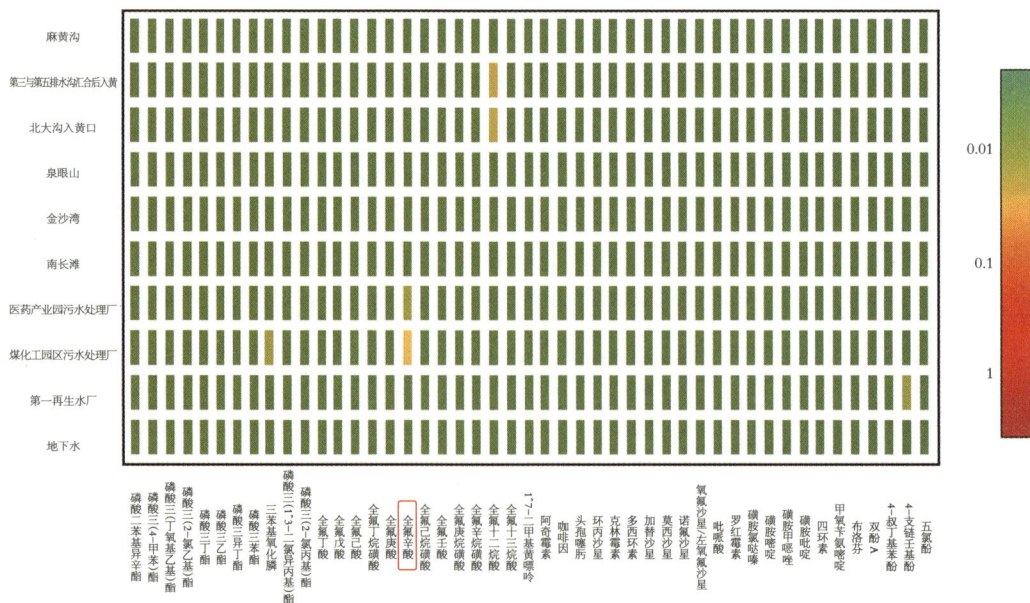

图 4.3-2　大型溞生态风险

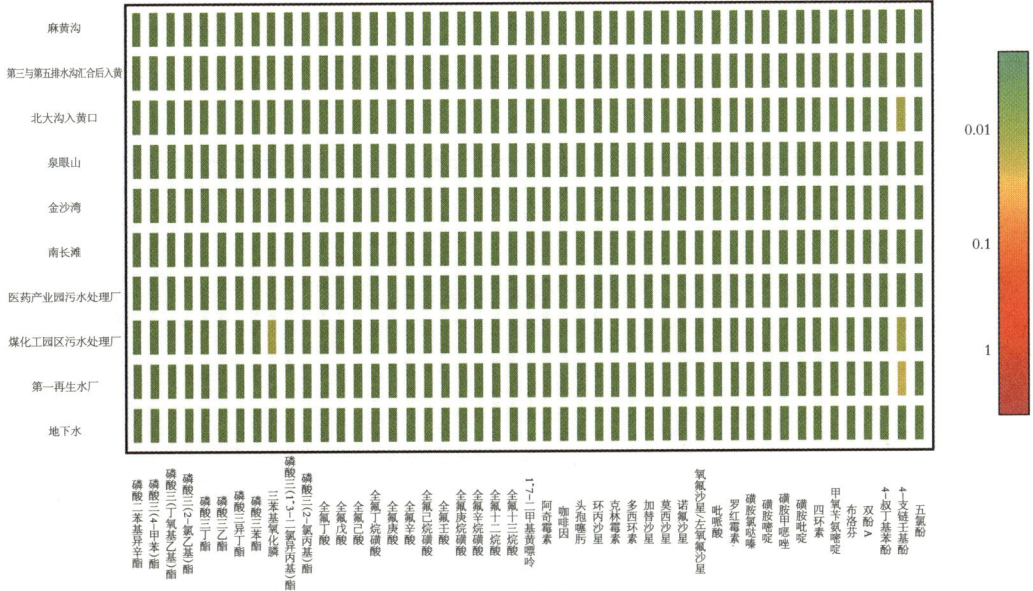

图 4.3-3　藻类生态风险

大沟入黄口、医药产业园污水处理厂总排口和第一再生水厂各有 1 项污染物呈低生态风险，煤化工园区污水处理厂总排口有 2 项污染物呈低生态风险；对藻类而言，第一再生水厂和北大沟入黄口均只有 1 项污染物呈低生态风险，煤化工园区污水处理厂总排口有 2 项污染物呈低生态风险。总之，第一再生水厂对鱼类的生态风险更大，煤化工园区污水处理厂总排口对大型溞和藻类的生态风险更大。

4.4　健康风险评估

分别计算了 47 项检出污染物质通过饮水途径对男性、女性、男童和女童造成的健康风险熵，如图 4.4-1 至图 4.4-4 所示。47 项检出污染物质通过饮水途径对男性、女性、男童和女童的健康风险熵 HR 均小于 0.1，说明健康风险较低，对人类健康产生的影响可忽略不计。其中全氟辛烷磺酸和咖啡因 2 项污染物对男性、女性、男童的 HR 大于 0.01 小于 0.1，存在潜在的低健康风险隐患。对女童而言，除全氟辛烷磺酸和咖啡因外，全氟辛酸的 HR 也大于 0.01 小于 0.1，存在潜在的低健康风险隐患。女童对污染物造成的健康风险敏感度更高。

从监测断面来看，对男性、女性、男童、女童存在健康风险隐患的污染物均出现在煤化工园区污水处理厂总排口，表明工业生产活动对人体的健康风险隐患更大。虽然检出的污染物浓度较低，通过饮水途径产生的健康风险可忽略不计，但全氟化合物、抗生素等长期暴露的直接摄入和生物累积风险不可忽视。

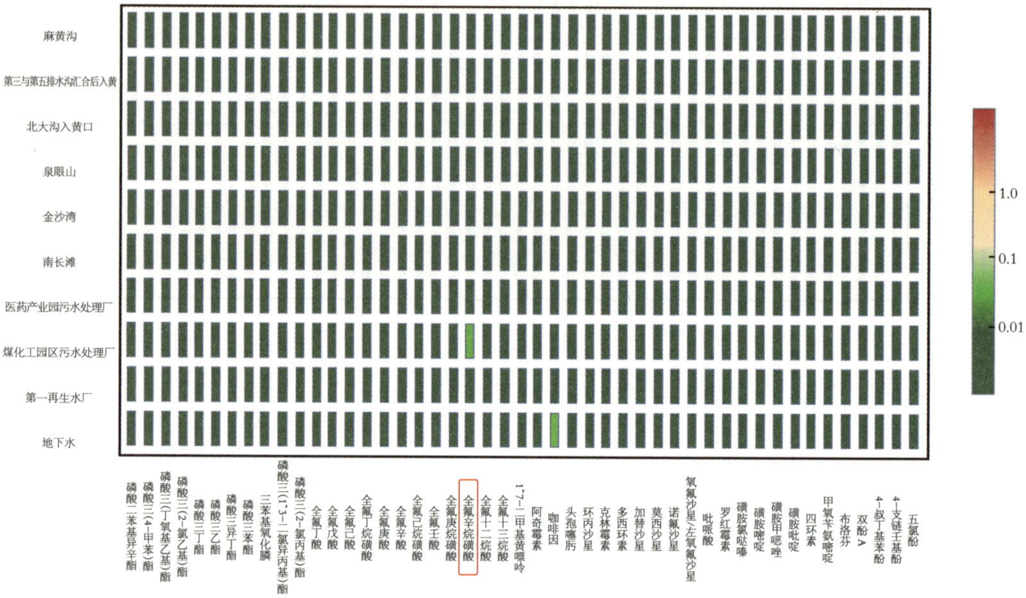

图 4.4-1　男性健康风险

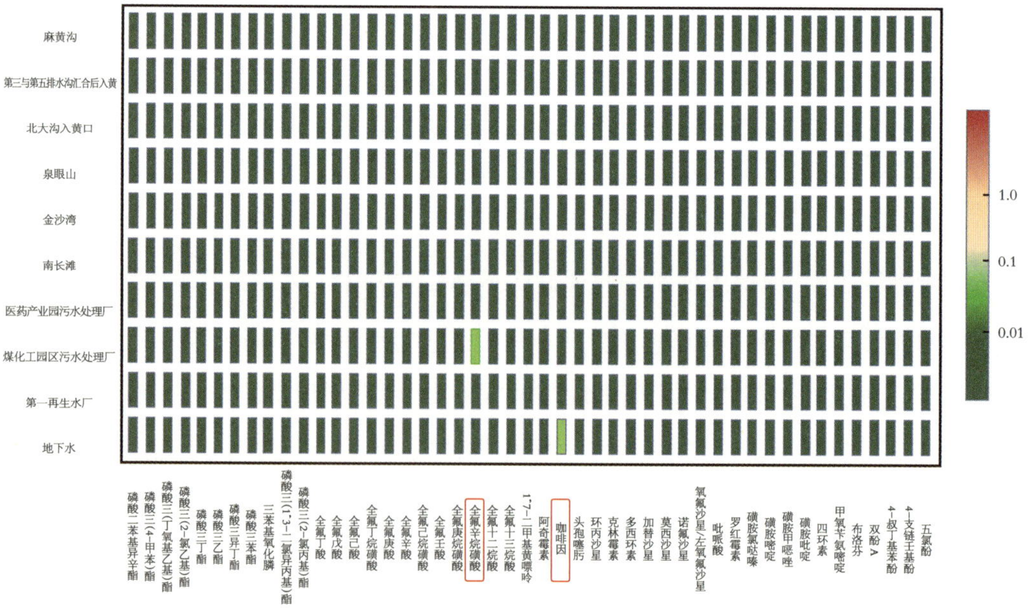

图 4.4-2　女性健康风险

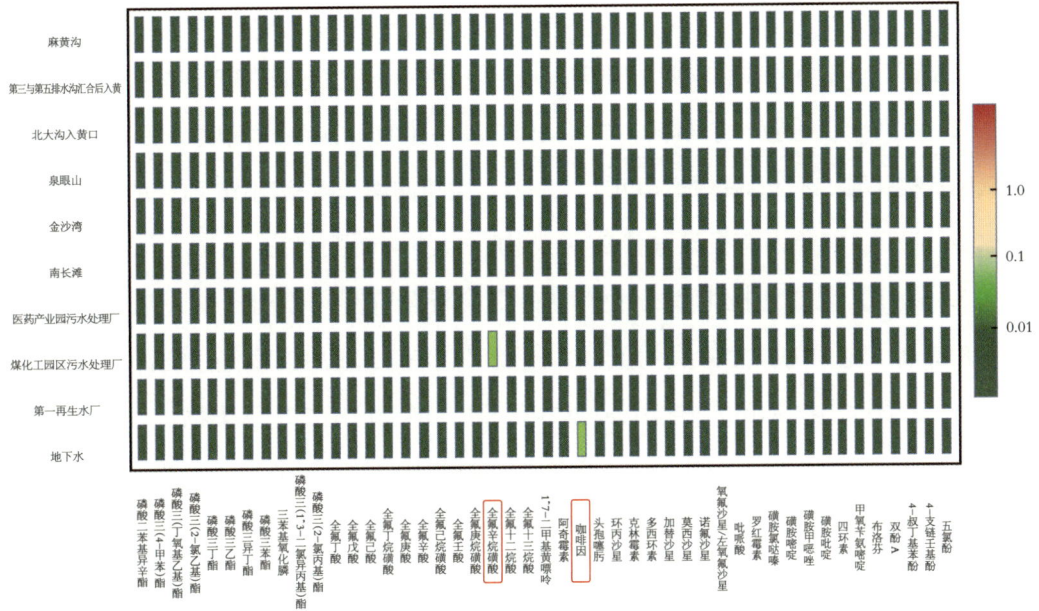

图 4.4-3 男童健康风险

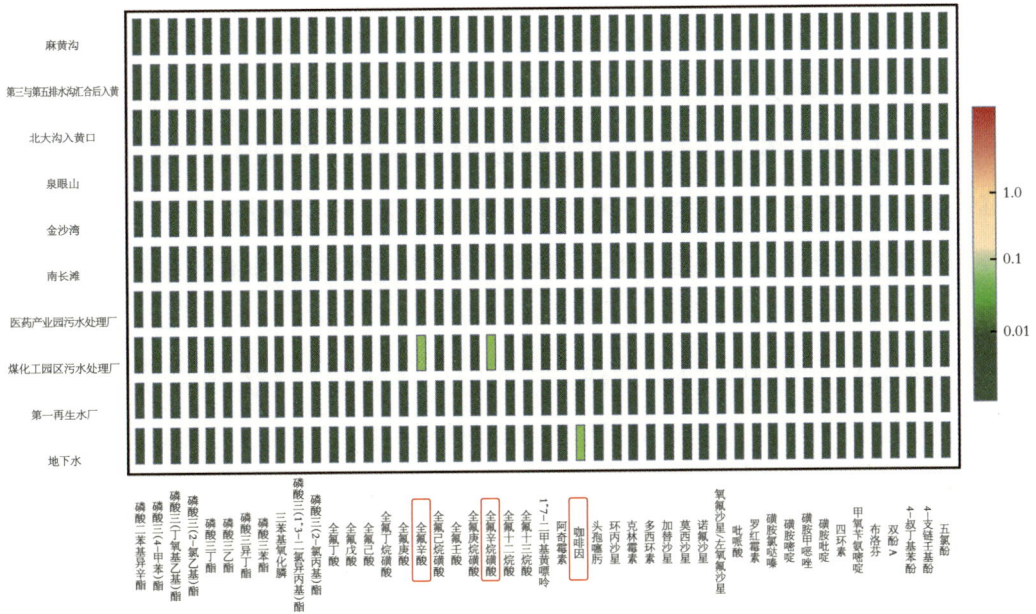

图 4.4-4 女童健康风险

4.5 本章小结

（1）丰水期共监测 10 个断面，每个断面 200 项因子，共检出 47 项，其中抗生素 20 项，全氟化合物 12 项，有机磷酸酯 11 项，烷基酚 4 项。咖啡因和磷酸三 (2−氯乙基) 酯在 10 个断面检出 100%，是水环境中最需要关注的 2 项污染物。

（2）黄河干流设置 3 个断面，共检出 22 项污染物（抗生素 8 项、烷基酚 3 项、全氟化合物 1 项、有机磷酸酯 10 项），其中入境断面南长滩检出 16 项，浓度范围为 1.9~234 ng/L，主要为有机磷酸酯类污染物；金沙湾断面检出 11 项，浓度范围为 2.1~33.3 ng/L，主要为抗生素类污染物；出境断面麻黄沟检出 6 项，浓度范围为 1.9~38 ng/L，主要为抗生素类污染物。出境时，有 12 项污染物经过自净等方式基本去除，2 项污染物降低，2 项污染物浓度升高，增加检出 2 项污染物。

（3）入黄支流及排水沟共设置 3 个断面，共检出 15 项污染物，主要为有机磷酸酯和全氟化合物，黄河干流与排水沟共同检出的污染物有 9 项，相同率为 60.0%。按照黄河干流水流方向，有 5 项在排水沟有较低浓度检出，但在黄河干流均未检出。

（4）医药产业园污水处理厂检出污染物 14 项，浓度范围为 0.7~52.4 ng/L。煤化工园区污水处理厂检出污染物 26 项，浓度范围为 0.4~541.1 ng/L。第一再生水厂检出 31 项污染物，浓度范围为 0.6~302 ng/L。

（5）47 项检出污染物中共有 8 项污染物对鱼类有低生态风险，4 项污染物对大型溞有低生态风险；2 项污染物对藻类有低生态风险。总体来讲，第一再生水厂对鱼类的生态风险更大，煤化工园区污水处理厂总排口对大型溞和藻类的生态风险更大。

（6）47 项检出污染物对不同性别、不同年龄人群通过饮水途径产生的健康风险均很低，可忽略不计，但全氟辛烷磺酸和咖啡因对男性、女性、男童及全氟辛烷磺酸、咖啡因和全氟辛酸对女童存在潜在的健康风险隐患。

第五章 枯水期结果分析

5.1 样品采集

每年的 12 月到次年 2 月是黄河流域的枯水期，这个时期黄河上游来水减少，上游水库开始蓄水。且冬季有结冰期，部分河段有凌汛，鉴于此，2022 年 12 月 8—12 日对所布设点位开展样品采集和实验室分析，采样期间天气晴好。

5.2 监测结果

枯水期共检出 39 项污染物，占监测项目的 19.5%，各类污染物检出分布图如 5.2-1 所示。其中全氟化合物 11 项，检出率 50.0%，浓度范围 0.2~113.3 ng/L；有机磷酸酯 8 项，检出率 61.5%，浓度范围 3~398 ng/L；烷基酚 3 项，检出率 27.3%，浓度范围 4~38 ng/L；抗生素 17 项，检出率 30.9%，浓度范围 1.4~150.2 ng/L；挥发性有机物、酞酸酯类化合物和有机氯农药均未检出，如表 5.2-1 所示。咖啡因和磷酸

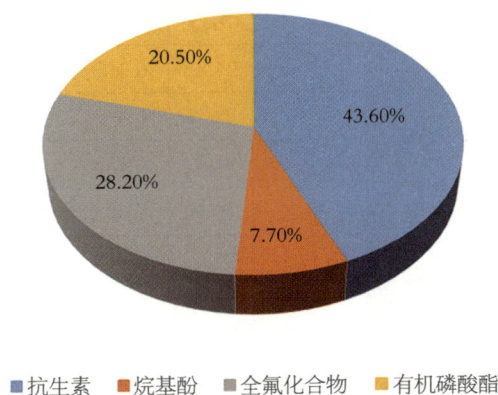

图 5.2-1 检出项目分布图

三（2-氯乙基）酯检出率100%。全氟丁酸和磺胺甲噁唑除地下水外，其他断面均检出，检出率90%。各类污染物检出浓度最大值均出现在工业源或生活源，黄河干支流检出污染物种类相对较少、浓度较低。

表 5.2-1　检出情况统计

监测断面	监测因子					
	抗生素（55 项）			有机磷酸酯（13 项）		
	检出项数/项	比例/%	浓度范围/(ng·L⁻¹)	检出项数/项	比例/%	浓度范围/(ng·L⁻¹)
南长滩	6	10.91	2.3~61.3	3	23.08	4~13
麻黄沟	4	7.27	5.1~51.3	3	23.08	3~45
金沙湾	4	7.27	5.6~38.1	3	23.08	4~16
泉眼山	3	5.45	2.5~1.8	3	23.08	17~28
北大沟入黄口	4	7.27	3.1~37.7	5	38.46	6~58
第三、第五排水沟汇合后入黄口	3	5.45	2.2~10.0	5	38.46	6~48
医药产业园污水处理厂总排口	6	10.91	4.5~150.2	4	30.77	3~276
煤化工园区污水处理厂总排口	7	12.73	3.5~54.3	8	61.54	3~398
第一再生水厂总排口	13	23.64	3.0~57.4	7	53.85	6~277
地下水	1	1.82	1.4	3	23.08	7~73
总计	17	30.9	1.4~150.2	8	61.5	3~398

监测断面	监测因子					
	全氟化合物（22 项）			烷基酚（11 项）		
	检出项数/项	比例/%	浓度范围/(ng·L⁻¹)	检出项数/项	比例/%	浓度范围/(ng·L⁻¹)
南长滩	2	9.09	0.2~1.6	1	9.09	9
麻黄沟	2	9.09	1.1~1.7	—	—	—
金沙湾	1	4.55	1.9	2	18.18	4~13
泉眼山	7	31.82	0.3~3.9	2	18.18	7~28
北大沟入黄口	5	22.73	0.4~2.7	—	—	—
第三、第五排水沟汇合后入黄口	7	31.82	0.4~6.4	—	—	—
医药产业园污水处理厂	4	18.18	0.2~26.8	3	27.27	7~19
煤化工园区污水处理厂总排口	11	45.45	0.3~113.3	2	18.18	7~38
第一再生水厂总排口	5	22.73	0.5~3.2	2	18.18	5~37
地下水	—	—	—	1	9.09	7
总计	11	50.0	0.2~113.3	3	27.3	4~38

5.2.1 黄河干流

（1）总体情况。黄河干流共检出 15 项污染物，占监测项目的 7.5%，其中抗生素 7 项，烷基酚 2 项，全氟化合物 2 项，有机磷酸酯 4 项，如表 5.2-2 所示。各断面检出污染物浓度及单体组成都呈空间差异性。其中，入境断面南长滩检出污染物 12 项，浓度范围为 0.2~61.3 ng/L，主要为有抗生素类污染物，最大浓度污染物为咖啡因；金沙湾断面检出污染物 10 项，浓度范围为 1.9~38.1 ng/L，主要为抗生素类污染物，最大浓度污染物为咖啡因；出境断面麻黄沟检出污染物 9 项，浓度范围为 1.1~51.3 ng/L，主要为抗生素类污染物，最大浓度污染物为咖啡因。污染物检出数量上呈沿程减少的分布特征。出境时，有 5 项污染物经过自净等方式基本去除，2 项污染物（咖啡因和磺胺甲噁唑）浓度分别降低 83.7% 和 58.7%，5 项污染物〔1，7-二甲基黄嘌呤、全氟丁酸、全氟丁烷磺酸、磷酸三（2-氯乙基）酯和磷酸三（2-氯丙

表 5.2-2　黄河干流宁夏段污染物检出情况

序号	监测项目		监测结果/(ng·L⁻¹)			出入境浓度比/%
			南长滩	金沙湾	麻黄沟	
1	抗生素	茶碱（咖啡因衍生物）	1，7-二甲基黄嘌呤	13.3	8.0	14.6	109.8
2		氯霉素类	甲砜霉素	2.3	ND	ND	—
3		第二类精神药品	咖啡因	61.3	38.1	51.3	83.7
4		非甾体类抗炎药	布洛芬	11.0	ND	ND	—
5		大环内酯类	罗红霉素	8.9	ND	ND	—
6		磺胺类	磺胺甲噁唑	10.4	5.6	6.1	58.7
7			磺胺间甲氧嘧啶	ND	6.2	5.1	—
8	烷基酚		4-支链壬基酚	ND	13.0	ND	—
9			五氯酚	9.0	4.0	ND	—
10	全氟化合物		全氟丁酸	1.6	1.9	1.7	106.2
11			全氟丁烷磺酸	0.2	ND	1.1	550
12	有机磷酸酯	烷基磷酸酯	磷酸三丁酯	ND	ND	3.0	—
13			磷酸三乙酯	4.0	4.0	ND	—
14		氯代磷酸酯	磷酸三（2-氯乙基）酯	13.0	15.0	26.0	200
15			磷酸三（2-氯丙基）酯	12.0	16.0	45.0	375

基）酯〕浓度分别升高 9.8%、6.2%、4500%、100% 和 175%，增加检出 2 项污染物（磺胺间甲氧嘧啶、磷酸三丁酯）。

有机磷酸酯和抗生素是黄河干流整体及各监测断面的主要污染物，如图 5.2-2 所示。抗生素在黄河干流宁夏段各监测断面检出率均较高，以磺胺类抗生素为主，最大检出浓度污染物均为咖啡因，如图 5.2-3 所示。

有机磷酸酯检出的主要是烷基磷酸酯和氯代磷酸酯，如图 5.2-4 所示。烷基磷酸酯类化合物可以进行生物降解，因此在金沙湾和麻黄沟检出率与入境断面南长滩相比有所降低，但其具有一定的挥发性和水溶性，迁移转化机制较为复杂。氯代磷酸酯一方面输入浓度较高，另一方面在 3 个排水沟入黄口均有检出，外加枯水期黄河水量减少，在外源和内源共同作用下，导致其在黄河干流宁夏段检出率和检出浓度均较高，检出种类较多。在金沙湾和麻黄沟断面检出率高于入境断面南长滩。

烷基酚类污染物是 4-支链壬基酚和五氯酚。其中 4-支链壬基酚仅在金沙湾有检出，检出浓度为 13.0 ng/L，可能是枯水期水流量减少，水流缓慢，外加周围人类

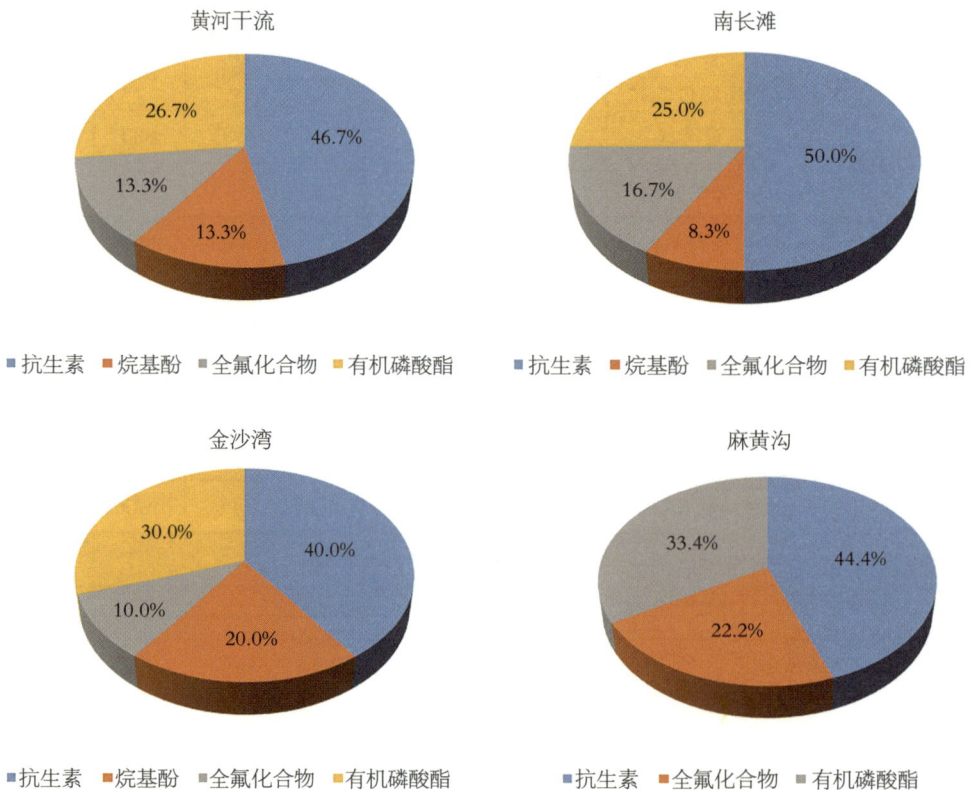

图 5.2-2　黄河干流宁夏段检出项目分布图

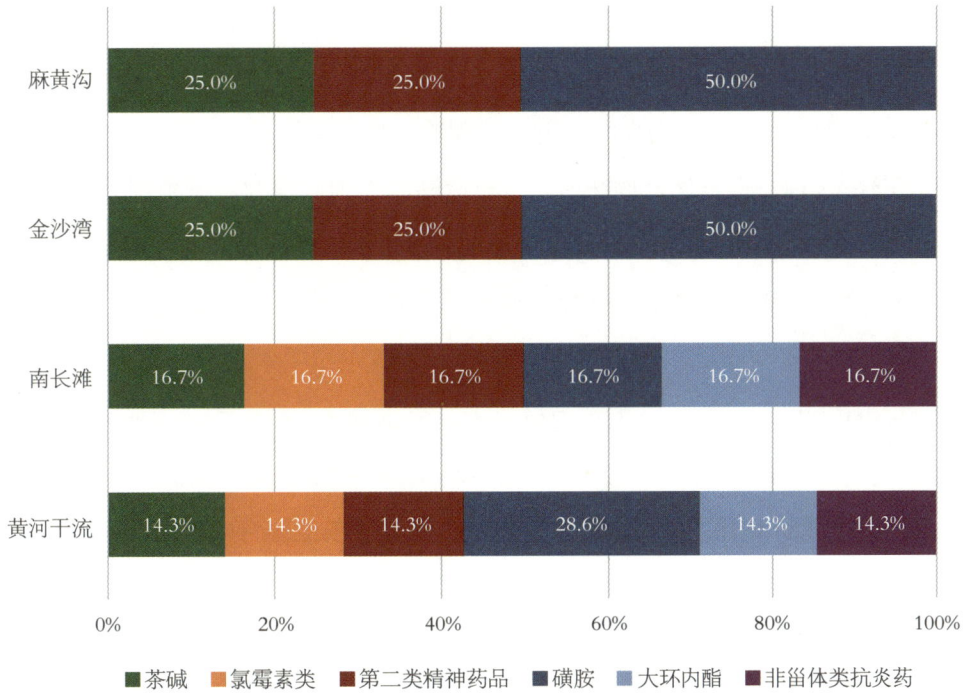

图 5.2-3 黄河干流宁夏段抗生素类检出项目分布图

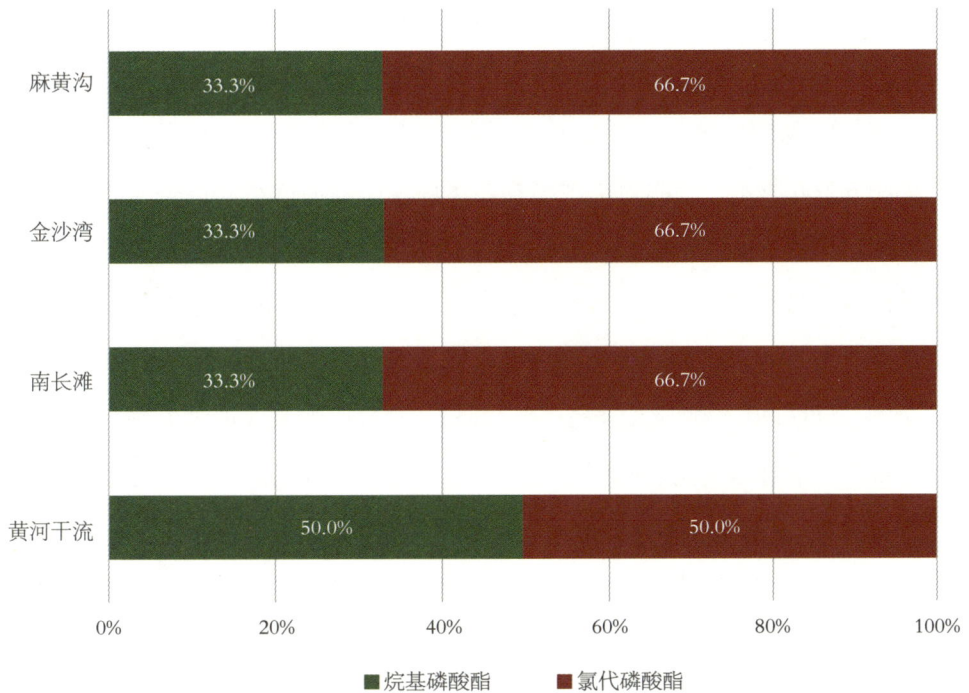

图 5.2-4 黄河干流宁夏段有机磷酸酯类检出项目分布图

活动的影响，使得水中 4-支链壬基酚富集；五氯酚在入境断面南长滩的检出浓度为 9.0 ng/L，金沙湾检出浓度为 4.0 ng/L。

（2）污染来源。从污染来源分析，外源输入的污染因子有 12 项，其中抗生素 6 项，烷基酚 1 项，全氟化合物 2 项，有机磷酸酯 3 项，主要污染类别为抗生素，分别为 1，7-二甲基黄嘌呤、甲砜霉素、咖啡因、布洛芬、罗红霉素、磺胺甲噁唑、五氯酚、全氟丁酸、全氟丁烷磺酸、磷酸三乙酯、磷酸三（2-氯乙基）酯和磷酸三（2-氯丙基）酯。内源输出的污染因子有 9 项，其中抗生素 4 项，全氟化合物 2 项，有机磷酸酯 3 项，主要污染类别为抗生素，分别为 1，7-二甲基黄嘌呤、咖啡因、磺胺甲噁唑、磺胺间甲氧嘧啶、全氟丁酸、全氟丁烷磺酸、磷酸三丁酯、磷酸三（2-氯乙基）酯和磷酸三（2-氯丙基）酯。内源污染因子有 10 项，其中抗生素 4 项，烷基酚 2 项，全氟化合物 1 项，有机磷酸酯 3 项，主要污染类别为抗生素，分别为 1，7-二甲基黄嘌呤、咖啡因、磺胺甲噁唑、磺胺间甲氧嘧啶、4-支链壬基酚、五氯酚、全氟丁酸、磷酸三乙酯、磷酸三（2-氯乙基）酯和磷酸三（2-氯丙基）酯。

黄河干流宁夏段的外源输入、内源污染及内源输出污染因子均以抗生素为主，如图 5.2-5 所示。内源污染主要为磺胺类抗生素和氯代磷酸酯。

（3）分布特征。从分布特征分析，甲砜霉素、咖啡因、布洛芬、罗红霉素、磺胺甲噁唑、五氯酚、磷酸三乙酯共 7 项在黄河干流宁夏段呈现沿程降低的分布趋势，如图 5.2-6 所示，表明该类污染物在水环境中能通过水体自净、分解、沉淀等降低浓度。甲砜霉素、布洛芬、罗红霉素共 3 项只有入境断面检出，表明该类污染物为外源输入型污染物，主要来源于上游段。五氯酚和磷酸三乙酯在入境断面、金沙湾断面以及入黄排水沟等其他断面均有检出，在出境断面未检出，属内外源型特征污染物。磺胺间甲氧嘧啶、4-支链壬基酚、全氟丁酸共 3 项污染物在黄河干流宁夏段呈现中间累计浓度高、两端浓度低的分布特征，且在工业、生活污水处理厂出水中都有检出，为宁夏特征污染物，在水环境中能通过水体自净、分解、沉淀等降低浓度，其中 4-支链壬基酚只在金沙湾断面检出，为内源型污染物。磷酸三丁酯只在出境断面检出，为内源输出型污染物。

外源输入的污染因子

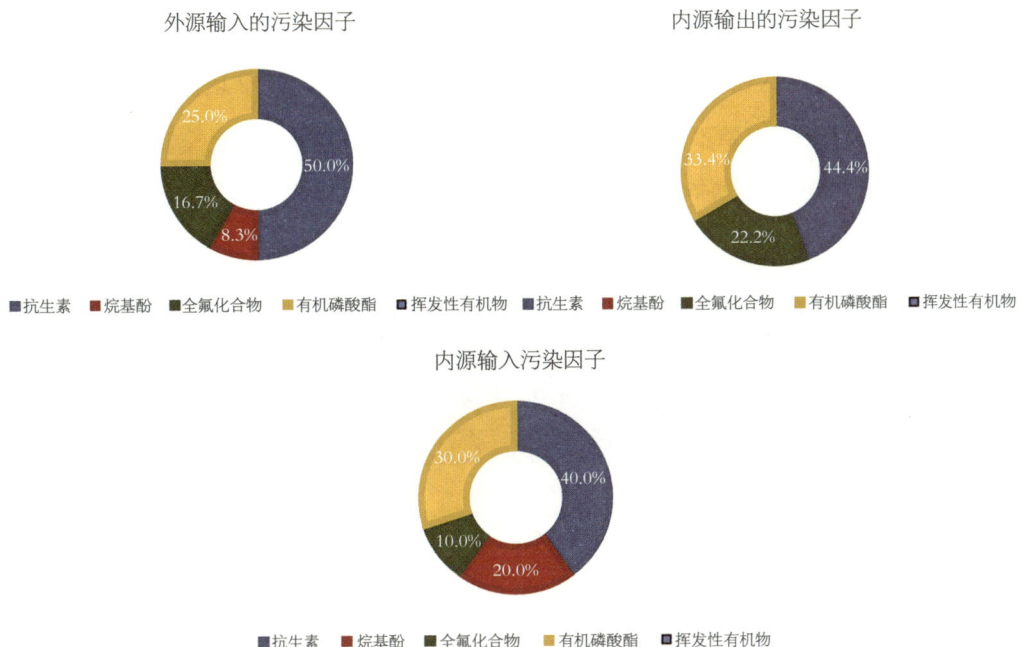

内源输出的污染因子

外源输入的污染因子图例：■抗生素 ■烷基酚 ■全氟化合物 ■有机磷酸酯 ■挥发性有机物

内源输出图例：■抗生素 ■烷基酚 ■全氟化合物 ■有机磷酸酯 ■挥发性有机物

内源输入污染因子

图例：■抗生素 ■烷基酚 ■全氟化合物 ■有机磷酸酯 ■挥发性有机物

图 5.2-5 黄河干流宁夏段污染来源分布图

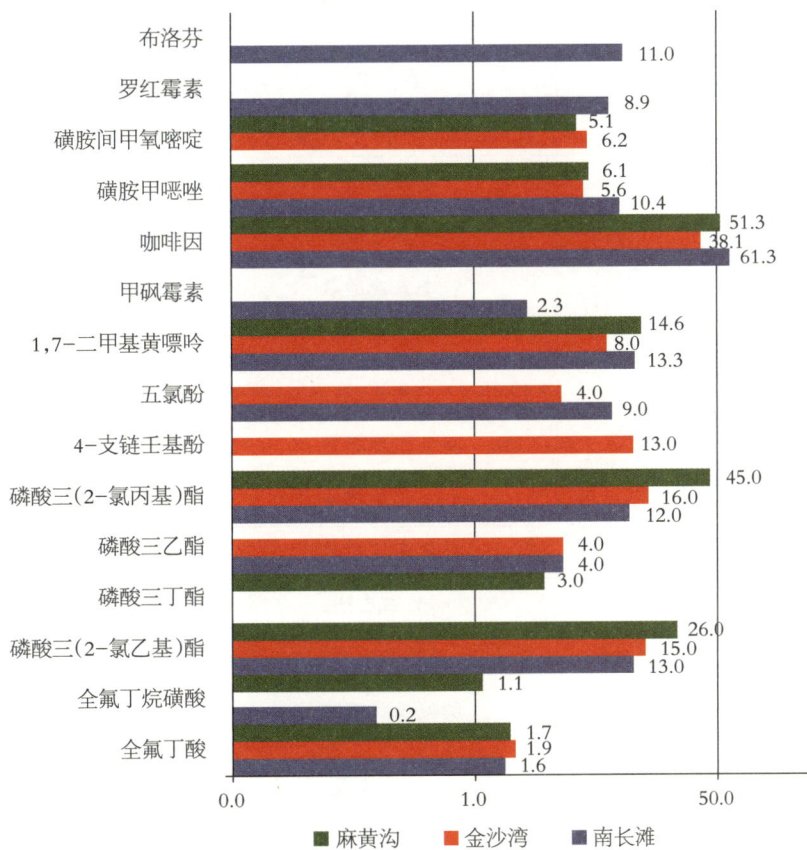

图 5.2-6 黄河干流宁夏段污染物沿程分布图

5.2.2 入黄断面

（1）总体情况。入黄支流及排水沟共设置 3 个断面，检出 22 项污染物，各断面检出项目数量及浓度相差不大，如表 5.2-3 所示，主要为抗生素、全氟化合物和有机磷酸酯。其中泉眼山断面检出 15 项污染物，浓度范围为 0.3~28 ng/L，最大浓

表5.2-3　入黄口污染物检出情况

序号	监测项目			监测结果/(ng·L⁻¹)		
				清水河入黄口泉眼山	北大沟入黄口	第三、第五排水沟汇合后入黄口
1	第二类精神药品		咖啡因	10.8	37.7	10.0
2	抗生素	磺胺类	磺胺嘧啶	2.5	ND	ND
3			磺胺甲噁唑	9.8	10.0	5.5
4		氯霉素类	氟苯尼考	ND	3.1	ND
5		喹诺酮类	奥索利酸	ND	6.9	2.2
6	烷基酚		4-支链壬基酚	28.0	ND	ND
7			五氯酚	7.0	ND	ND
8	全氟化合物	全氟烷基羧酸	全氟丁酸	3.9	2.7	6.4
9			全氟戊酸	0.3	ND	0.4
10			全氟己酸	0.5	0.5	0.7
11			全氟庚酸	0.5	ND	0.8
12			全氟辛酸	1.3	0.7	0.7
13			全氟壬酸	0.8	ND	ND
14		全氟烷基磺酸	全氟丁烷磺酸	0.5	0.4	0.5
15			全氟己烷磺酸	ND	ND	0.7
16			全氟辛烷磺酸	ND	1.7	ND
17	有机磷酸酯	烷基磷酸酯	磷酸三乙酯	17.0	17.0	8.0
18			磷酸三丁酯	ND	ND	16.0
19			磷酸三异丁酯	ND	6.0	6.0
20		氯代磷酸酯	磷酸三（2-氯乙基）酯	28.0	58.0	23.0
21			磷酸三（1,3-二氯异丙基）酯	ND	9.0	ND
22			磷酸三（2-氯丙基）酯	19.0	55.0	48.0

度污染物为磷酸三（2-氯乙基）酯和 4-支链壬基酚；北大沟入黄断面检出 14 项，浓度范围为 0.4~58 ng/L，最大浓度污染物为磷酸三（2-氯乙基）酯；第三、第五排水沟汇合后入黄断面检出 15 项，浓度范围为 0.4~48 ng/L，最大浓度污染物为磷酸三（2-氯丙基）酯。

由于各支流及排水沟所接纳的废水来源、水量及处理方式均不同，监测的 3 个入黄口检出污染物的浓度和组成存在差异。泉眼山断面和第三、第五排水沟汇合后入黄口检出污染物以全氟化合物为主，占检出项目的比例均为 46.7%；北大沟入黄口全氟化合物和有机磷酸酯检出项目数量相同，占检出项目的 35.7%。各入黄口检出项目分布如图 5.2-7 所示。

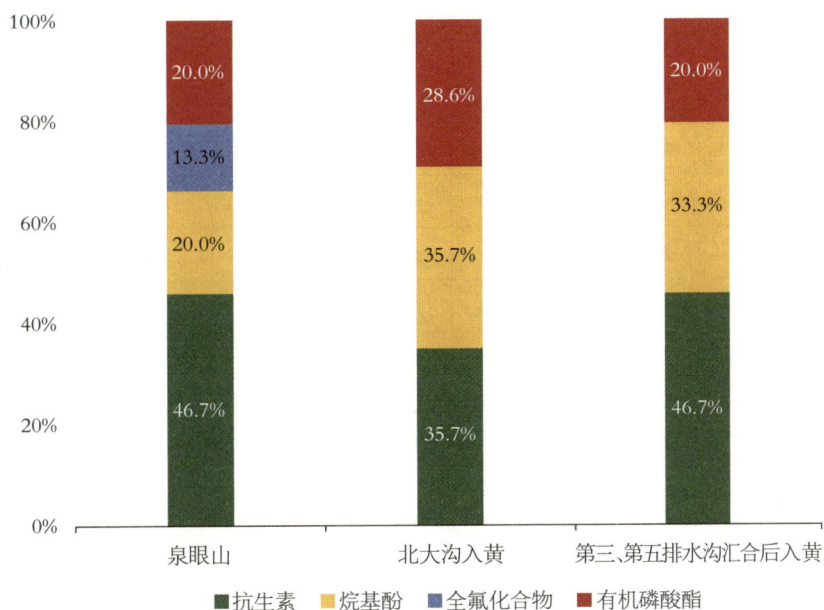

图 5.2-7　入黄断面污染物检出项目分布图

（2）沿程浓度变化。黄河干流与排水沟共同检出的项目有 5 项，相同率为 29.4%，分别为全氟丁酸、磷酸三（2-氯乙基）酯、磷酸三（2-氯丙基）酯、咖啡因和磺胺甲噁唑，监测结果如表 5.2-4 所示；有 12 项在排水沟有较低浓度检出，但在黄河干流均未检出，分别为全氟戊酸、全氟己酸、全氟庚酸、全氟辛酸、全氟己烷磺酸、全氟壬酸、全氟辛烷磺酸、磷酸三异丁酯、磷酸三（1，3-二氯异丙基）酯、磺胺嘧啶、氟苯尼考和奥索利酸，可能是排水沟与黄河交汇导致的稀释作用及沿程沉降、光解等作用影响了污染物在黄河干流的浓度。

表 5.2-4　黄河干流及排水沟入黄口监测结果

序号	监测项目	监测结果/(ng·L⁻¹)					
		南长滩	泉眼山	金沙湾	北大沟入黄	第三、第五排水沟汇合后入黄	麻黄沟
一		黄河干流和入黄口同时检出污染物					
1	全氟丁酸	1.6	3.9	1.9	2.7	6.4	1.7
2	磷酸三（2-氯乙基）酯	13.0	28.0	15.0	58.0	23.0	26.0
3	磷酸三（2-氯丙基）酯	12.0	19.0	16.0	55.0	48.0	45.0
4	咖啡因	61.3	10.8	38.1	37.7	10.0	51.3
5	磺胺甲噁唑	10.4	9.8	5.6	10.0	5.5	6.1
二		仅入黄口检出污染物					
1	全氟戊酸	ND	0.3	ND	ND	0.4	ND
2	全氟己酸	ND	0.5	ND	0.5	0.7	ND
3	全氟庚酸	ND	0.5	ND	ND	0.8	ND
4	全氟辛酸	ND	1.3	ND	0.7	0.7	ND
5	全氟己烷磺酸	ND	ND	ND	ND	0.7	ND
6	全氟壬酸	ND	0.8	ND	ND	ND	ND
7	全氟辛烷磺酸	ND	ND	ND	1.7	ND	ND
8	磷酸三异丁酯	ND	ND	ND	6.0	6.0	ND
9	磷酸三（1,3-二氯异丙基）酯	ND	ND	ND	9.0	ND	ND
10	磺胺嘧啶	ND	2.5	ND	ND	ND	ND
11	氟苯尼考	ND	ND	ND	3.1	ND	ND
12	奥索利酸	ND	ND	ND	6.9	2.2	ND

5.2.3　地下水

地下水检出 5 项污染物，分别为磷酸三（2-氯乙基）酯、磷酸三异丁酯、磷酸三（2-氯丙基）酯、4-支链壬基酚和咖啡因，主要为有机磷酸酯类，占检出组分的60%，其中磷酸三（2-氯丙基）酯检出浓度高达 73.0 ng/L。

5.2.4　工业及生活源

工业生活源监测结果见表 5.2-5。医药产业园污水处理厂检出污染物 18 项，浓度范围为 0.2~276 ng/L，其中全氟化合物 4 项、有机磷酸酯 5 项、烷基酚 3 项、抗

表 5.2-5 工业生活源监测结果

序号	监测项目			监测结果/(ng·L⁻¹)		
				医药产业园污水处理厂	煤化工园区污水处理厂总排口	第一再生水厂总排口
1	抗生素	茶碱	1，7-二甲基黄嘌呤	13.6	ND	ND
2		磺胺类	磺胺嘧啶	ND	ND	5.7
3			磺胺吡啶	5.0	3.5	38.4
4			甲氧苄氨嘧啶	ND	ND	4.8
5			磺胺甲噁唑	18.2	17.1	30.1
6		第二类精神药品	咖啡因	150.2	8.7	34.0
7		氯霉素类	氟苯尼考	ND	ND	3.0
8		喹诺酮类	诺氟沙星	ND	22.1	40.4
9			氧氟沙星/左氧氟沙星	ND	13.0	9.4
10			奥索利酸	ND	12.3	27.1
11			莫西沙星	ND	ND	5.2
12			萘啶酸	4.5	ND	3.8
13		大环内酯	阿奇霉素	ND	ND	57.4
14			罗红霉素	11.0	54.3	19.6
15	烷基酚		双酚 A	8.0	ND	ND
16			4-支链壬基酚	19.0	38.0	37.0
17			五氯酚	7.0	7.0	5.0
18	全氟化合物	全氟烷基羧酸	全氟丁酸	0.611	2.181	3.162
19			全氟戊酸	ND	0.349	0.452
20			全氟己酸	ND	1.402	ND
21			全氟庚酸	ND	1.320	ND
22			全氟辛酸	2.024	20.040	2.910
23			全氟壬酸	ND	0.908	ND
24		全氟烷基磺酸	全氟丁烷磺酸	0.218	0.665	0.754
25			全氟戊烷磺酸	ND	0.843	ND
26			全氟己烷磺酸	ND	0.607	ND

序号	监测项目			监测结果/(ng·L⁻¹)		
				医药产业园污水处理厂	煤化工园区污水处理厂总排口	第一再生水厂总排口
27	全氟化合物	全氟烷基磺酸	全氟庚烷磺酸	ND	0.952	ND
28			全氟辛烷磺酸	26.833	113.309	3.031
29	有机磷酸酯	氯代磷酸酯	磷酸三（2-氯乙基）酯	276.0	398.0	115.0
30			磷酸三（1，3-二氯异丙基）酯	14.0	19.0	43.0
31			磷酸三（2-氯丙基）酯	138.0	122.0	277.0
32		烷基磷酸酯	磷酸三丁酯	3.0	4.0	6.0
33			磷酸三乙酯	24.0	57.0	34.0
34			磷酸三异丁酯	ND	4.0	11.0
35		芳基磷酸酯	磷酸三苯酯	ND	3.0	ND
36			三苯基氧化膦	ND	136.0	38.0

生素 6 项。煤化工园区污水处理厂检出污染物 23 项，浓度范围为 0.3~398.0 ng/L，其中抗生素 7 项、全氟化合物 11 项、有机磷酸酯 8 项、烷基酚 2 项。第一再生水厂检出污染物 27 项，浓度范围为 0.5~277.0 ng/L，其中全氟化合物 5 项、有机磷酸酯 7 项、烷基酚 2 项、抗生素 13 项。

全氟化合物、有机磷酸酯检出浓度最大值为煤化工园区污水处理厂总排口，抗生素检出浓度最大值为医药产业园污水处理厂，工业生活源检出浓度比黄河干支流大数量级。第一再生水厂总排口检出的污染物基本在北大沟入黄口都有检出，医药产业园污水处理厂检出的污染物基本在第三、第五排水沟汇合后入黄口均有检出，这与排水沟来水一致，可见城市、工业污水处理厂是各类新污染物的主要来源。

5.3 生态风险评估

分别计算了检出的 39 项污染物对鱼类、大型溞、藻类的生态风险熵，如图 5.3-1 至图 5.3-3 所示。

39 项检出污染物中，有 4 项污染物对鱼类的 HQ 大于 0.01 小于 0.1，呈低风险，

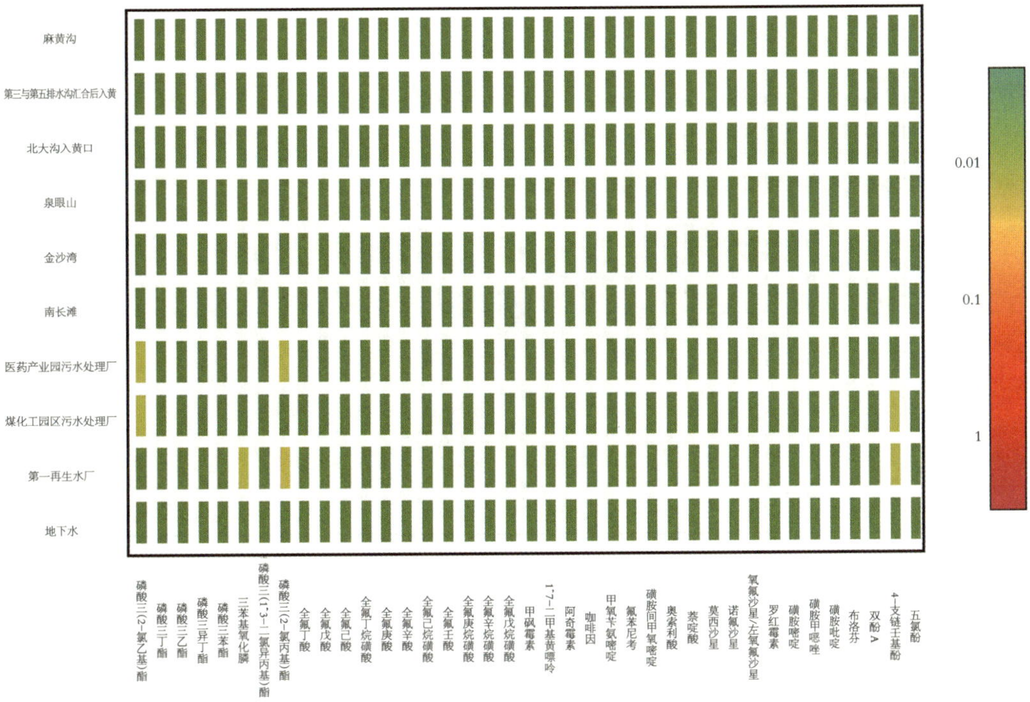

图 5.3-1　鱼类生态风险

图 5.3-2　大型溞生态风险

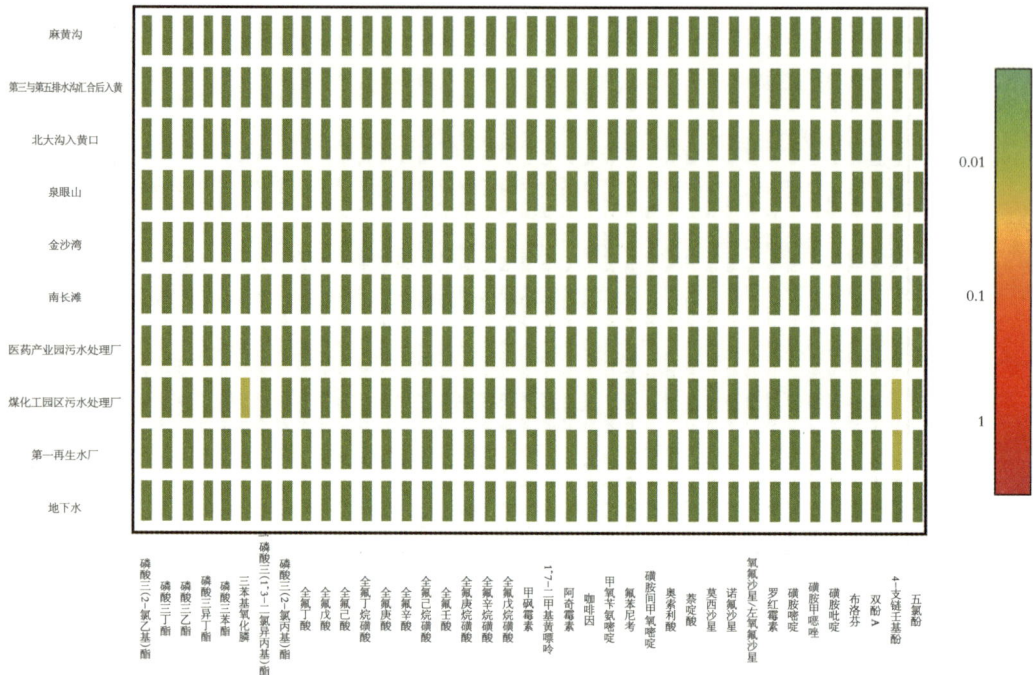

图 5.3-3　藻类生态风险

分别是磷酸三（2-氯乙基）酯、三苯基氧化膦、磷酸三（2-氯丙基）酯和 4-支链
壬基酚，其余 35 项污染物的 HQ 均小于 0.01，无生态风险；有 2 项污染物对大型溞
的 HQ 大于 0.01 小于 0.1，呈低风险，分别是全氟辛酸和三苯基氧化膦，其余 37 项
污染物的 HQ 均小于 0.01，无生态风险；有 2 项污染物对藻类的 HQ 大于 0.01 小于
0.1，呈低风险，分别是三苯基氧化膦和 4-支链壬基酚，其余 37 项污染物的 HQ 均
小于 0.01，无生态风险。相比较而言，对鱼类有生态风险的污染物更多。

　　从监测断面来看，监测的 200 项新污染物对黄河干支流、入黄排水沟及地下水
三个不同营养级别产生的生态风险均非常小，但工业源和生活源对鱼类、藻类和大
型溞存在低生态风险。

　　对鱼类有低生态风险的污染物分布在医药产业园污水处理厂总排口、煤化工园
区污水处理厂总排口和第一再生水厂断面，存在生态风险的新污染物数量分别为 2
项、2 项和 3 项，其中第一再生水厂对鱼类存在生态风险的污染物最多，占所有有
风险污染物的 75%。有 2 项污染物对大型溞存在低生态风险，分布在煤化工园区污
水处理厂总排口。对藻类有生态风险的污染物分布在煤化工园区污水处理厂总排口
和第一再生水厂，数量分别为 1 项和 2 项。总体来讲，煤化工园区污水处理厂总排

口对不同营养级别生物产生的生态风险更大。

5.4 健康风险评估

分别计算了 39 项检出污染物质通过饮水途径对男性、女性、男童和女童造成的健康风险，如图 5.4-1 至图 5.4-4 所示。结果显示黄河干支流、入黄排水沟、地下水及第一再生水厂监测的 200 项新污染物的 HR 值均小于 0.01，说明对人体健康无风险；医药产业园污水处理厂总排口和煤化工园区污水处理厂总排口两个工业源监测的全氟辛烷磺酸对男性、女性的 HR 值及全氟辛酸和全氟辛烷磺酸对男童、女童的 HR 值均大于 0.01 小于 0.10，表明这两个监测点的全氟辛酸对男性、女性及全氟辛烷磺酸对男童、女童通过饮水途径存在人体健康风险隐患。虽然全氟辛酸和全氟辛烷磺酸对人类的健康风险很低，但长期暴露的直接摄入和生物累积风险不可忽视。此外，由于参考资料的缺乏以及该风险评估方法较为简单，且仅对检出单体进行评价，而未开展多种检出污染物的累积评价，也没有考虑复杂环境风险情况，低剂量多种新污染物长期暴露带来的健康风险问题，有待进一步研究。

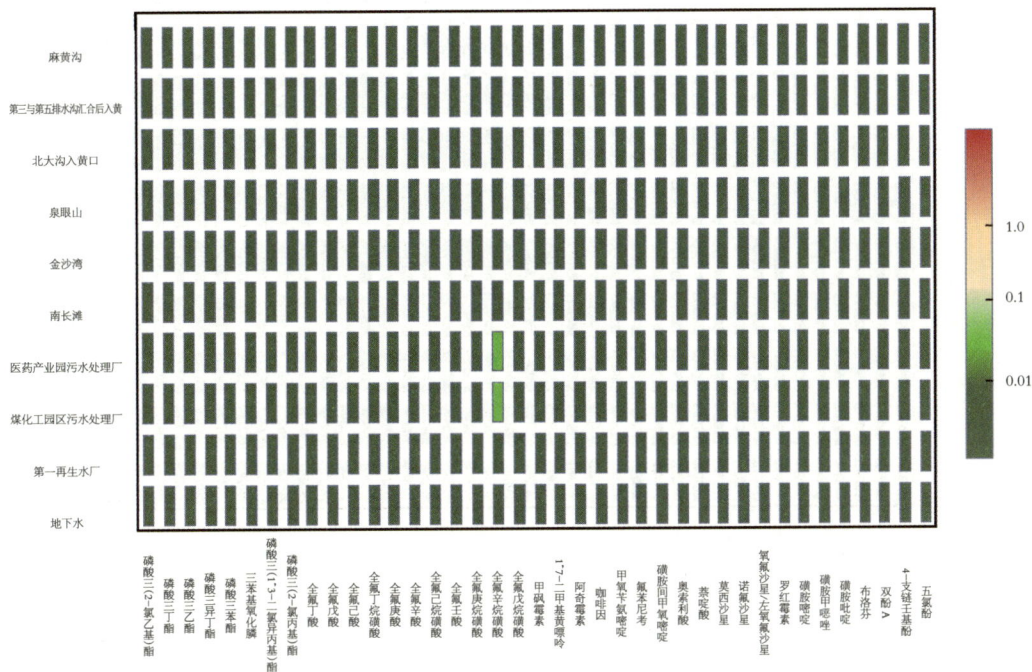

图 5.4-1 男性健康风险

图 5.4-2　女性健康风险

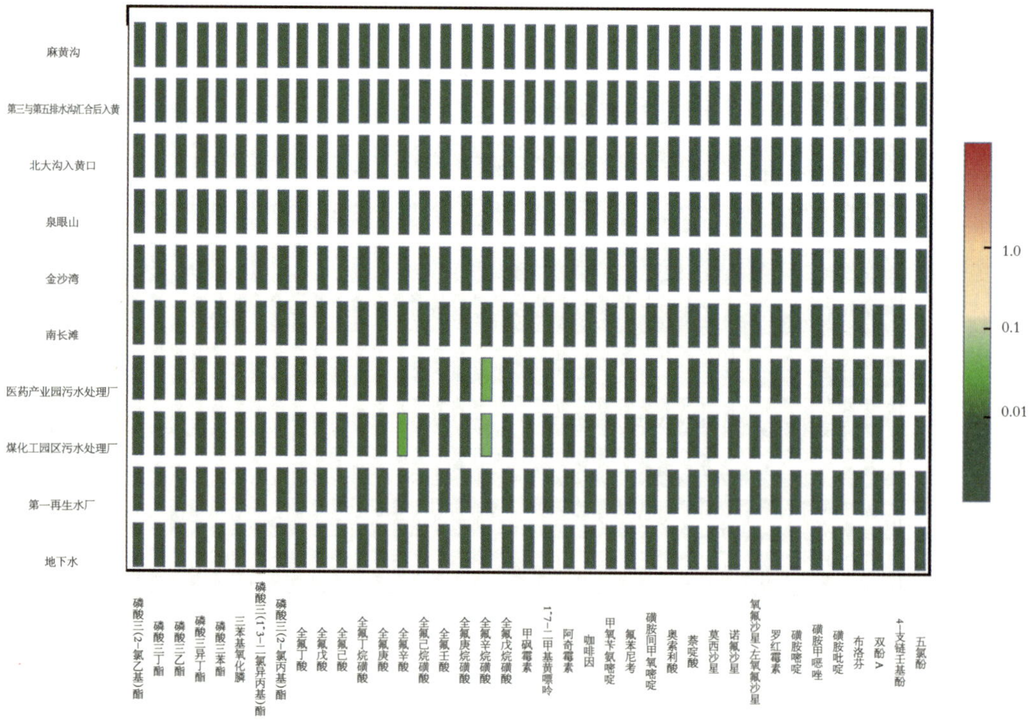

图 5.4-3　男童健康风险

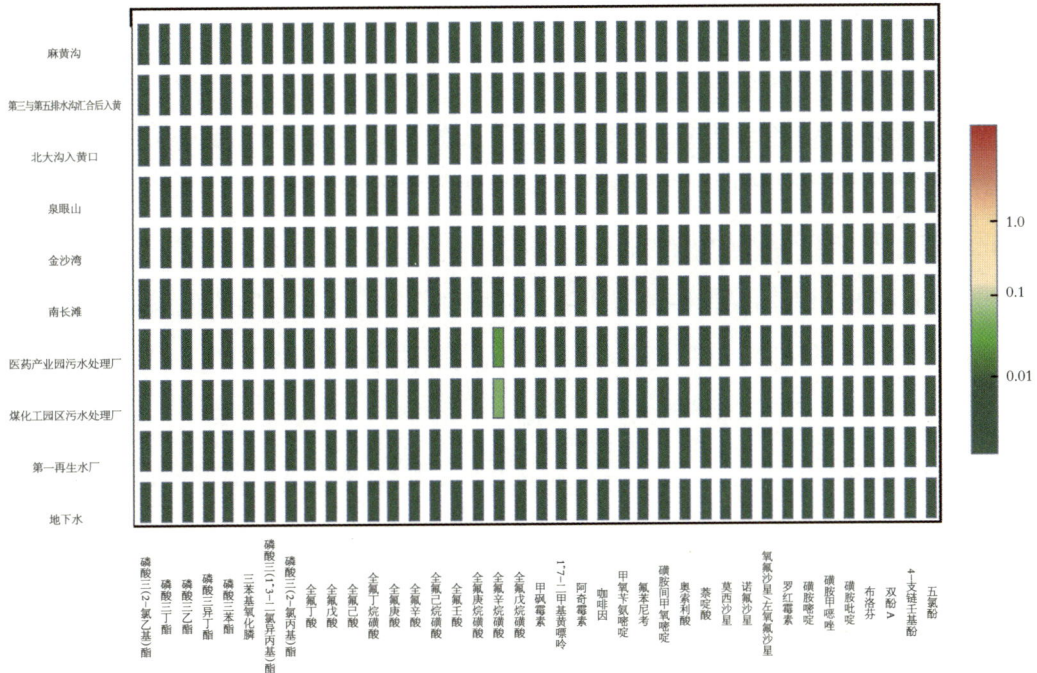

图 5.4-4　女童健康风险

5.5　本章小结

（1）枯水期共监测 10 个断面，每个断面 200 项因子，共检出 39 项，其中全氟化合物 11 项，有机磷酸酯 8 项，烷基酚 3 项，抗生素 17 项。咖啡因和磷酸三（2-氯乙基）酯在 10 个断面均有检出，检出率 100%。全氟丁酸和磺胺甲噁唑除银川地下水外，其他断面均检出，检出率 90%。

（2）黄河干流共设置 3 个断面，共检出 15 项污染物（抗生素 7 项、烷基酚 2 项、全氟化合物 2 项、有机磷酸酯 4 项），其中入境断面南长滩检出 12 项，浓度范围为 0.2~61.3 ng/L；金沙湾断面检出 10 项，浓度范围为 1.9~38.1 ng/L；出境断面麻黄沟检出 9 项，浓度范围为 1.1~51.3 ng/L。出境时，有 5 项污染物经过自净等方式基本去除，2 项污染物浓度分别降低，5 项污染物浓度升高，增加检出 2 项污染物。

（3）入黄支流及排水沟共设置 3 个断面，共检出 22 项污染物，主要为抗生素、全氟化合物和有机磷酸酯，黄河干流与排水沟共同检出的项目有 5 项，相同率为

29.4%，有 12 项在排水沟有较低浓度检出，但在黄河干流均未检出。

（4）地下水检出 5 项污染物，主要为有机磷酸酯类。医药产业园污水处理厂检出污染物 18 项，煤化工园区污水处理厂检出污染物 23 项，第一再生水厂检出污染物 27 项，工业生活源检出污染物种类与其排水方向监测结果基本一致，表明城市、工业污水处理厂是各类新污染物的主要来源。

（5）39 项检出新污染物中共有 4 项污染物对鱼类的生态风险为低风险，2 项污染物对大型溞呈低风险，2 项污染物对藻类呈低风险，总体来讲煤化工园区污水处理厂总排口的生态风险相对较大。

（6）在黄河干支流、入黄排水沟、地下水及第一再生水厂监测断面，监测的 200 项新污染物对不同性别不同年龄人群通过饮水途径产生的健康风险可忽略不计。在医药产业园污水处理厂总排口和煤化工园区污水处理厂总排口，全氟辛酸和全氟辛烷磺酸通过饮水途径对人体健康存在潜在低健康风险隐患。

第六章　结果分析

6.1　总体情况

6.1.1　检出情况

2022 年 6 月、12 月分别对布设的 10 个点位进行采样、分析，共检出 53 项污染物，检出率 26.5%，主要污染物为抗生素，各类污染物检出分布见图 7.1-1 所示。其中抗生素 25 项，检出率 45.5%，浓度范围 0.9~150.2 ng/L；全氟化合物 13 项，检出率 59.1%，浓度范围 0.2~113.3 ng/L；有机磷酸酯 11 项，检出率 84.6%，浓度范围 2.8~541.1 ng/L；烷基酚 4 项，检出率 36.4%，浓度范围 4~126 ng/L；酞酸酯类、有机氯农药和挥发性有机物均未检出。

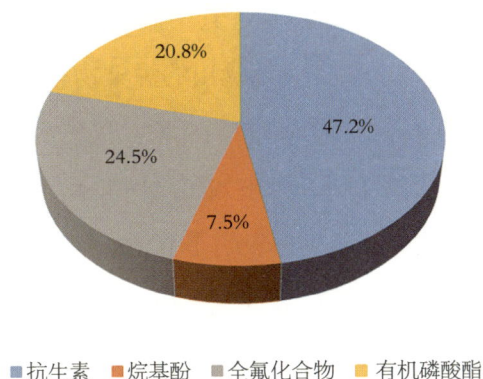

图 6.1-1　检出项目分布图

6.1.2　丰枯期比较

丰水期检出 47 项污染物，枯水期检出 39 项污染物，检出污染物数量下降 17.0%，如图 6.1-2 所示。与丰水期相比，枯水期检出的各类新污染物数量均有不同程度的下降，其中抗生素减少 3 项，数量下降 15.0%；全氟化合物减少 1 项，数量下降 8.3%；有机磷酸酯减少 3 项，数量下降 27.3%；烷基酚减少 1 项，数量下降 25.0%；可能是因为 12 月春冬灌已结束，农业活动减少，使得检出的污染物数量减少。

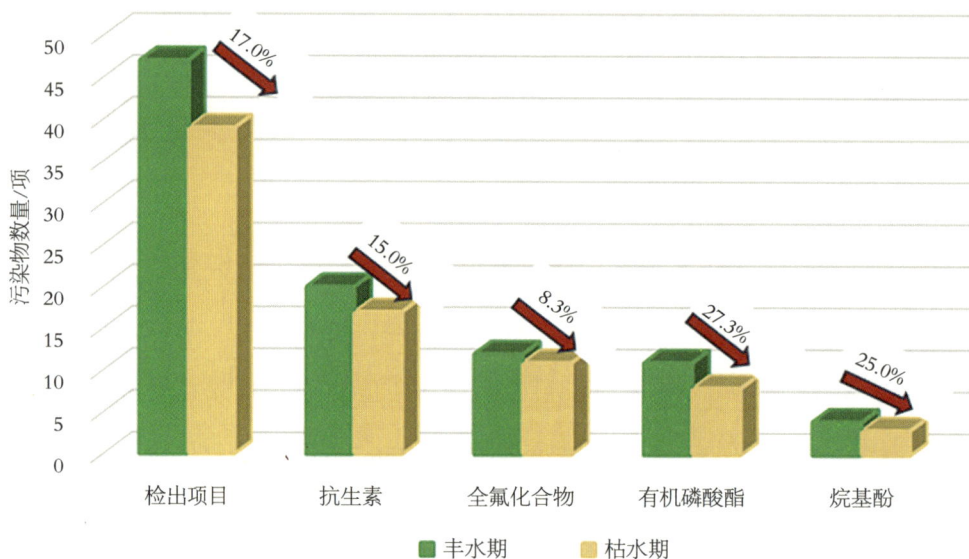

图 6.1-2　检出项目分布图

丰枯水期共同检出的污染物有 33 项，其中抗生素 12 项，烷基酚 3 项，全氟化合物 10 项，有机磷酸酯 8 项。仅丰水期检出的污染物有 14 项，其中抗生素 8 项，烷基酚 1 项，全氟化合物 2 项，有机磷酸酯 3 项。仅枯水期检出的污染物有 6 项，其中抗生素 5 项，全氟化合物 1 项，分布如图 6.1-3 示，抗生素是丰水期和枯水期检出污染物组分变化较大的污染类别，表明季节、水量等因素对抗生素在水环境中浓度的影响较大。

6.1.2.1　抗生素

抗生素主要来源于生活及农业排放，其在水体中分布差异与其环境行为和使用量有一定的关系。水环境中抗生素的赋存受到降雨、温度、光解作用、微生物代谢和人类活动等因素的影响，这些因素的改变会造成抗生素分布的复杂变化。

（1）仅丰水期检出有吡哌酸、磺胺氯哒嗪、环丙沙星、克林霉素、多西环素、头孢噻肟、四环素和加替沙星 8 种抗生素。

共同检出污染物

24.2%
36.4%
30.3%
9.1%

■抗生素 ■烷基酚 ■全氟化合物 ■有机磷酸酯

仅丰水期检出污染物

21.4%
57.2%
14.3%
7.1%

■抗生素 ■烷基酚 ■全氟化合物 ■有机磷酸酯

仅枯水期检出污染物

16.7%
83.3%

■抗生素 ■全氟化合物

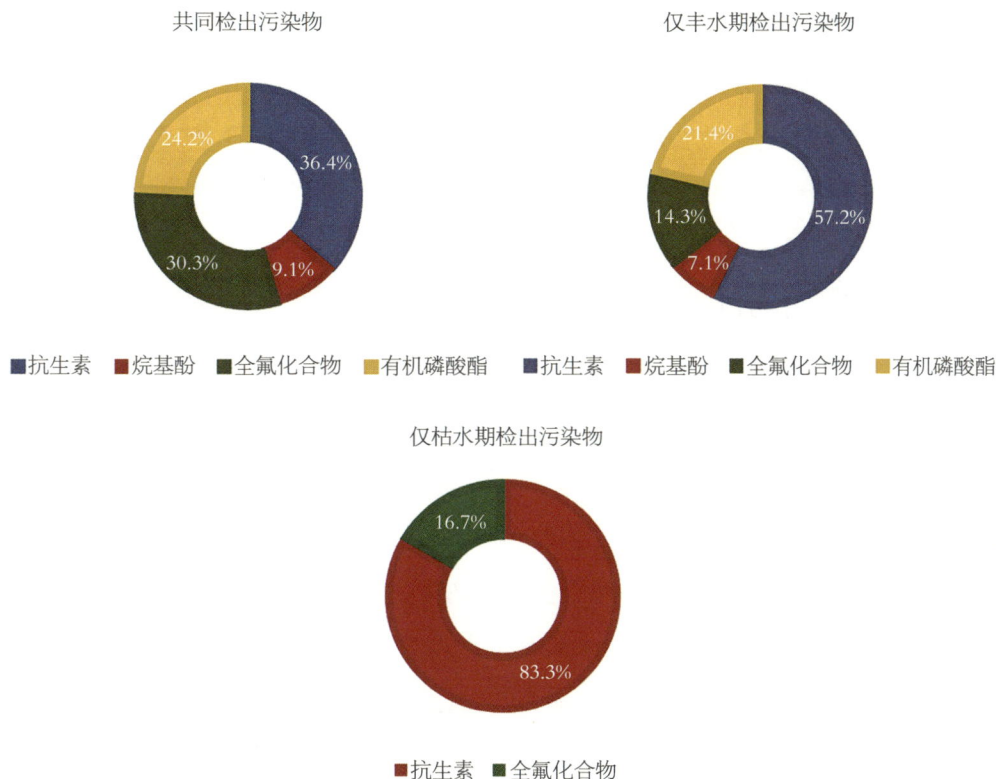

图 6.1-3 检出项目分布图

四环素类抗生素多西环素和四环素仅在地下水检出，浓度很低，只有 2 ng/L。四环素类抗生素是酸碱两性化合物，在酸性或碱性环境中均不稳定，另外，有研究发现，该类抗生素具有很高的吸附性，很容易被颗粒物吸附，这可能是该类抗生素检出率和检出浓度较低，且在枯水期未检出的原因。

喹诺酮类抗生素吡哌酸、环丙沙星、加替沙星和 β 内酰胺类抗生素头孢噻肟仅在生活源银川第一再生水厂排口检出，浓度很低，只有 1~5 ng/L。这两类抗生素属于高消耗抗生素，其检出浓度与使用量有关，在环境中又容易扩散、降解，这可能是该类抗生素检出率和检出浓度较低，且在枯水期未检出的原因。

磺胺类抗生素磺胺氯哒嗪和林可霉素类抗生素克林霉素主要应用于畜禽养殖业，在黄河干流有检出，浓度很低，只有 2~3 ng/L。磺胺氯哒嗪在生活源银川第一再生水厂排口检出，浓度较高，达到 52.5 ng/L，主要因为该抗生素具有良好的水溶性，使其易于在水体中赋存并扩散，会随着温度的升高降解加快，另外，污水处理厂的来水复杂，具有间歇性，这可能是该类抗生素在地表水中检出率和检出浓度较低，且在枯水期未检出的原因。

（2）仅枯水期检出有甲砜霉素、氟苯尼考、磺胺间甲氧嘧啶、奥索利酸和萘啶酸 5 种抗生素。

氯霉素类抗生素甲砜霉素、氟苯尼考和诺酮类抗生素奥索利酸和萘啶酸广泛用于人和畜禽，除奥索利酸外，其他抗生素检出浓度很低，只有 3~4 ng/L 左右。其中甲砜霉素仅在黄河干流入境断面南长滩检出，表明其为外源输入污染因子。可能是这一时期，疫情防控刚放开，大面积使用抗生素，使得该类抗生素在生活源检出。

总体上来说，丰水期、枯水期抗生素的检出种类、数量和浓度存在明显的差异性，这可能与区域水文条件、抗生素使用排放特征和理化性质有关。如水产养殖在春季清塘换水，养殖中使用的大量抗生素等污染物随清塘水排入地表水；丰水期降雨量大于冬季枯水期，降雨量对水体抗生素具有稀释作用；冬季平均水温低、光照相对较弱，微生物降解作用和光解作用等降低，一定程度上减少了水体中抗生素的降解；另外，冬季各种疾病高发，尤其是新冠病毒感染率激增，又增加了抗生素的使用。

6.1.2.2　全氟化合物

全氟化合物是一种持久性有机污染物，在环境中很难降解。2019 年，《斯德哥尔摩公约》将全氟辛磺酸、全氟辛磺酸盐和全氟辛基磺酰氟增列入禁用名单，此后工业中逐渐使用短中链全氟化合物逐渐替代长链全氟化合物。

检出的 13 项全氟化合物中，按照取代基分类，有 8 项是全氟烷基羧酸，占检出项目的 61.5%；有 5 项是全氟烷基磺酸，占检出项目的 38.5%。按照链长分类，有 6 项属于短中链全氟化合物，占检出项目的 46.2%，剩下的 7 项属于长链全氟化合物，占检出项目的 53.8%。表明全氟烷基羧酸检出率较高，虽然长链全氟化合物已经逐渐被替代或管控，但是较强的环境富集能力使其依旧具有较高的检出率。

（1）仅丰水期检出。全氟十二烷酸和全氟十三烷酸 2 种全氟烷基羧酸仅在泉眼山及排水沟入黄口检出，浓度很低，只有 2 ng/L 左右，可能跟采样周边分布的工业企业有关。长链全氟烷基羧酸更易吸附在沉积物中，且在环境中可降解成中短链全氟烷基羧酸。此外，12 月处于大气污染攻坚期，工业企业生产排放减少，这可能是这两类化合物在枯水期未检出的主要原因。

（2）仅枯水期检出。全氟戊烷磺酸是唯一一个仅在枯水期检出的全氟化合物，在煤化工园区污水处理总排口检出，浓度只有 0.8 ng/L。

总的来说，全氟化合物主要在污水处理厂总排口及其直接排入的排水沟及支流检出，表明该类污染物主要来源于工业生产，但常规的污水处理工艺去除效率有限，使其会被直接排放至自然水体中。另外，短中链全氟化合物在所有监测的点位中检出率较长链全氟化合物高，一方面是因为短链全氟化合物的疏水性较低，而长链全氟化合物的疏水性较高，这就导致了地表污染源中长碳链全氟化合物易稳定地吸附于土壤或沉积物有机质中，使得其进入水体的总量较少；另一方面短链全氟化合物逐渐替代长链全氟化合物进行生产和使用，导致水环境中更多的短链被检出。

6.1.2.3　烷基酚

我国烷基酚的生产使用量较大，尤其是壬基酚，其污染程度跟人口密度、工业发展等密切相关。除麻黄沟外，其他监测断面包括地下水，壬基酚均有检出。壬基酚具有较高的生物毒性、内分泌干扰性，在地下水的检出浓度在 10 ng/L 左右，所以壬基酚的污染应引起重视。

烷基酚主要通过水体进入环境，其降解受温度、颗粒物的影响较大，整体上丰水期比枯水期浓度低。主要原因一是丰水期径流量大，稀释作用强烈；二是丰水期温度较高，微生物活性高，生物降解作用强；三是农作物不同生长周期的杀虫剂使用种类与数量不同以及工业生产周期产量不同，也会造成烷基酚赋存特征的差异，这可能也是 4-叔丁基苯酚只在丰水期检出的原因。

6.1.2.4　有机磷酸酯

受周边印染、纺织、电子、汽车房屋装饰等工业企业的影响，有机磷酸酯使用量大，整体检出率高，检出浓度高，尤其是磷酸三（2-氯乙基）酯和磷酸三（2-氯丙基）酯在所有断面均检出，检出浓度高达 541.1 ng/L，且出现在污水处理厂，表明污水处理厂对有机磷酸酯的处理效率较低。从其用途可以发现，人类生活及工业生产使用有机磷酸酯的频率均较高，这与生活源和工业源检出率、检出浓度均较高是一致的。

6.2 黄河干流

6.2.1 检出项目

黄河干流共检出 26 项污染物，检出率 13.0%，主要污染物为抗生素和有机磷酸酯，各类污染物检出分布如图 6.1-1 所示。其中抗生素 11 项，检出率 20.0%，浓度范围 1.9~71.9 ng/L，最大浓度为咖啡因；全氟化合物 2 项，检出率 9.1%，浓度范围 0.2~2.1 ng/L，最大浓度为全氟丁酸；有机磷酸酯 10 项，检出率 76.9%，浓度范围 2.8~234 ng/L，最大浓度为磷酸三（丁氧基乙基）酯；烷基酚 3 项，检出率 27.3%，浓度范围 4~38 ng/L，最大浓度为五氯酚；酞酸酯类、有机氯农药和挥发性有机物均未检出。

与丰水期相比，枯水期检出组分只有抗生素发生变化，其中甲砜霉素仅在南长滩检出，为外源污染物；磺胺间甲氧嘧啶在金沙湾和麻黄沟检出，可能来源于畜禽养殖排放；磺胺氯哒嗪和克林霉素枯水期未检出，这主要与家禽、水产养殖中不同生长周期的抗生素使用种类及数量有关。

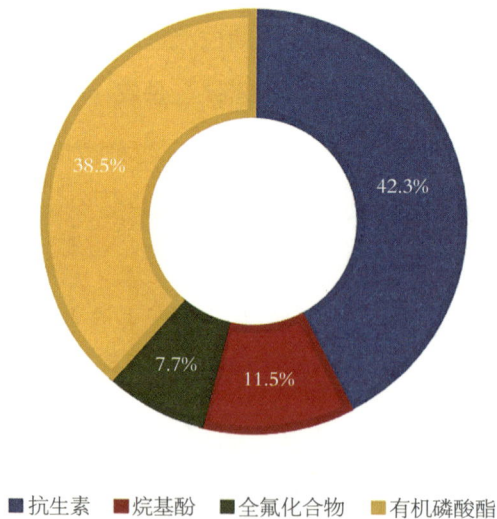

图 6.2-1　检出项目分布图

6.2.2 检出浓度

监测的 3 个断面按照污染物类别计算总量及平均浓度，如表 6.2-1 所示。

表 7.2-1 检出情况统计

组分含量	断面点位					
	南长滩		金沙湾		麻黄沟	
	丰水期	枯水期	丰水期	枯水期	丰水期	枯水期
一、总量/(ng·L^{-1})						
抗生素	81.9	107.2	68.8	57.9	35.4	77.1
烷基酚	52	9	16	17	38	/
全氟化合物	1.9	1.8	2.1	1.9	2.1	2.8
有机磷酸酯	412	29	32.2	35	11.5	74
二、均值/(ng·L^{-1})						
抗生素	20.5	17.9	11.5	14.5	11.8	19.3
烷基酚	26	9	16	8.5	38	/
全氟化合物	1.9	0.9	2.1	1.9	2.1	1.4
有机磷酸酯	45.8	9.7	10.7	11.7	11.5	24.7

总体来说，黄河干流宁夏段检出的 4 类新污染物浓度总量由高到低依次为有机磷酸酯＞抗生素＞烷基酚＞全氟化合物，有机磷酸酯的总量达到 593.7 ng/L，而全氟化合物大总量为 12.6 ng/L，相差较大。除外源输入，宁夏污染最大的新污染物为抗生素，这与其使用量有直接关系，高浓度意味着高消耗。

总体来看，抗生素丰水期比枯水期浓度低，主要原因一是丰水期径流量大，流速快，对抗生素有强烈的稀释作用；二是丰水期温度较高，生物降解作用强，而抗生素本身不稳定，高温易发生光降解，有研究表明，降解速度随着光照时间的延长呈现加快趋势；三是冬季是各种疾病高发季节，尤其是 12 月出现大面积人员感染新冠病毒，抗生素类药物使用量大，导致枯水期抗生素检出浓度高；四是抗生素对水体和沉积物的物理作用，抗生素易吸附在沉积物表层和次表层，接触水体后，解吸、释放、进入水环境，使得其含量随着季节的变化，尤其是水量的变化而发生变化。此外，家禽和水产养殖不同生长周期的抗生素使用种类及数量不同也会造成丰水期和枯水期抗生素赋存特征的差异。

烷基酚和全氟化合物表现出明显的丰水期浓度比枯水期高。这两类新污染物主要来源于工业生产及农业污染，在 12 月农业活动已结束，受污染防治管控及新冠疫情防控影响，工业生产降低，排放量减少。

有机磷酸酯除去磷酸三（丁氧基乙基）酯的外源贡献，也表现出丰水期比枯水期浓度低的特征，可能是夏季交通、建材装饰、纺织等工业发展更快，使用量大所致。

6.3 入黄断面

6.3.1 检出项目

入黄断面共检出 26 项污染物，检出率 13.0%，主要污染物为全氟化合物，各类污染物检出分布如图 6.3-1 所示。其中抗生素 5 项，检出率 9.1%，浓度范围 2.1~48.8 ng/L，最大浓度为咖啡因；全氟化合物 11 项，检出率 50.0%，浓度范围 0.3~6.4 ng/L，最大浓度为全氟丁酸；有机磷酸酯 6 项，检出率 46.2%，浓度范围 3.9~63.9 ng/L，最大浓度为磷酸三（2-氯乙基）酯；烷基酚 4 项，检出率 36.4%，浓度范围 7~44 ng/L，最大浓度为壬基酚；酞酸酯类、有机氯农药和挥发性有机物均未检出。

与丰水期相比，枯水期检出组分增加 2 项抗生素，减少 2 项全氟化合物。其中氟苯尼考和奥索利酸在北大沟、银川市第一再生水厂检出，根据调查结果，区内有 7 家企业使用该污染物，主要分布在中卫、银川、石嘴山市，如永康镇鲁兴忠家庭牧场、灵武市农投畜牧发展有限公司等，枯水期水量小，使得氟苯尼考和奥索利酸检出，但检出浓度较低，每升水样中检出浓度仅 3~6 ng。全氟十二烷酸和全氟十三烷酸在丰水期检出浓度较低，枯水期未检出，可能与工业生产排放及降解有关。

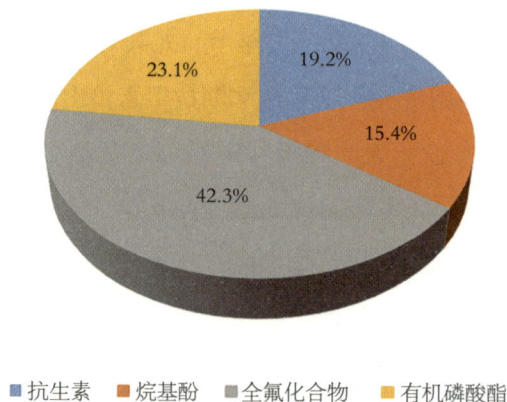

图 6.3-1　检出项目分布图

6.3.2　检出浓度

监测的 3 个断面按照污染物类别计算总量及平均浓度，如表6.3-1 所示。

表 6.3-1　检出情况统计

组分含量	断面点位					
	泉眼山		北大沟入黄口		第三、第五排水沟汇合后入黄口	
	丰水期	枯水期	丰水期	枯水期	丰水期	枯水期
一、总量/(ng·L⁻¹)						
抗生素	50.5	23.1	54.8	57.7	18.6	17.7
烷基酚	72	35	70	—	43	—
全氟化合物	7	7.8	4.1	6	8.4	10.2
有机磷酸酯	8.3	64	159.7	145	95.7	101
二、均值/(ng·L⁻¹)						
抗生素	25.3	7.7	27.4	14.4	9.3	5.9
烷基酚	36	17.5	35	—	21.5	—
全氟化合物	1.4	1.1	1.0	1.2	1.7	1.5
有机磷酸酯	8.3	21.3	31.9	29.0	23.9	20.2

总体来说，入黄断面检出的 4 类新污染物浓度总量由高到低依次为有机磷酸酯>抗生素>烷基酚>全氟化合物，有机磷酸酯是含量最高的一类新污染物，这与黄河干流宁夏段的结果一致。

4 类新污染物均呈现丰水期比枯水期检出浓度高的特点。由于 3 个监测断面来水主要为工业、生活污水处理厂及农业退排水，枯水期人为活动减少，使得各类污染物的浓度降低。

6.4　地下水

地下水检出 8 项污染物，检出率 4.0%，主要污染物为抗生素，各类污染物检出分布如图 6.4-1 所示。其中抗生素 4 项，检出率 7.3%，浓度范围 1.4~245.7 ng/L，最大浓度为 1，7-二甲基黄嘌呤；有机磷酸酯 3 项，检出率 23.1%，浓度范围 7~188 ng/L，最大浓度为磷酸三（2-氯丙基）酯；烷基酚 1 项，检出率 9.1%，浓度范围

7~11 ng/L；全氟化合物、酞酸酯类、有机氯农药和挥发性有机物均未检出。

与丰水期相比，枯水期除磷酸三异丁酯，其他 7 种污染物浓度均不同程度地降低，可能受地下水的使用及降解的影响。值得注意的是咖啡因、壬基酚、磷酸三（2-氯乙基）酯及磷酸三（2-氯丙基）酯 4 种污染物在丰水期和枯水期均有检出。

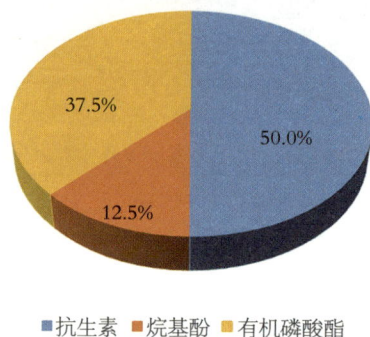

■抗生素 ■烷基酚 ■有机磷酸酯

图 6.4-1　检出项目分布图

6.5　工业和生活源

医药产业园污水处理厂、煤化工园区污水处理厂和第一再生水厂总排口共检出44 项污染物，是污染物的主要源和汇。由于污水处理厂来水复杂，存在突发性、排放间歇性，检出组分及浓度存在差异性。其中抗生素主要来源第一再生水厂，其他2 个工业源也有少量的抗生素检出，可能与工业企业生活用水有关，值得注意的是医药产业园污水处理厂咖啡因达到 150.2 ng/L，可能与医药生产使用有关。煤化工园区污水处理厂的全氟化合物检出率较高，丰、枯两期检出组分及浓度水平变化幅度不大。有机磷酸酯在 3 个污水处理厂检出率均较高，检出组分及浓度水平变化幅度不大。

对工业、生活源检测结果显示，抗生素主要来源于生活排放，全氟化合物主要来源于工业排放；生活和工业排放对有机磷酸酯均有较大贡献。

6.6　污染特征

基于监测结果，分析各检出污染物来源发现，甲氧苄氨嘧啶、双酚 A、磷酸二苯基异辛酯、磷酸三（4-甲苯）酯、磷酸三（丁氧基乙基）酯、磷酸三丁酯、磷酸三乙酯、磷酸三苯酯、三苯基氧化膦、磺胺间甲氧嘧啶 10 种污染物为外源输入型污染物；磷酸三（2-氯丙基）酯、全氟丁酸、磷酸三（2-氯乙基）酯和 4-支链壬基酚 4 种污染物为内外源型污染物；1,7-二甲基黄嘌呤、克林霉素、磺胺吡啶、磷酸三（1,3-二氯异丙基）酯、全氟戊酸、全氟己酸、全氟丁烷磺酸、磺胺氯哒嗪和五氯酚 9 种污染物为内源型污染物。黄河干流宁夏段污染物以磺胺类抗生素和氯代磷酸酯为主。

6.7 生态风险

检出的 53 项污染物对鱼类、大型溞、藻类的生态风险评估显示，53 项污染物丰水期和枯水期对鱼类、大型溞、藻类的生态风险均较低。相对而言，丰水期对鱼类生态风险的污染物较多，鱼类产生的生态风险整体高于大型溞和藻类的生态风险。

虽然检出的污染物大部分对鱼类、大型溞、藻类无风险或呈低风险，但本次生态风险仅针对单体进行评价，未开展多种污染物对环境的累积效应，因此，复杂环境下，多物质低剂量对环境的长期效应还需进一步研究。

6.8 健康风险

检出的 53 项污染物通过饮水途径，对男性、女性、男童和女童造成的健康风险均较低，可忽略不计。由于本次研究使用的风险评估方法较为简单，且仅对检出单体进行评价，而未开展多种检出污染物累积评价，也没有考虑长期暴露的直接摄入和生物累积风险，因此，低剂量、持续性输入、多种新污染物的累积对人类健康造成的潜在危害还需进一步研究。

此外，研究发现同一种源对健康风险的贡献和对浓度的贡献并非正相关，比如部分来源对浓度贡献较大，但对健康风险贡献反而较小，而有些来源对浓度贡献较小，但对健康风险的影响较大，这主要是因为健康风险不仅受环境浓度影响，与介质摄入量以及污染物毒性大小等因素也息息相关，所以，在环境健康风险管理工作中，不仅要重点关注不同污染源对环境污染物浓度的贡献，也要综合考虑污染物毒性和水体功能及用途等影响因子，科学合理地制定改善或管控措施。

6.9 优先监测新污染物

根据监测结果，明确咖啡因等 8 项新污染物为黄河流域宁夏段基于生态风险评估的优先监测新污染物清单，如表 6.9-1 所示。其中咖啡因和磷酸三（2-氯乙基）酯检出 100%，检出浓度最高，列入优先监测新污染物清单；磺胺甲噁唑检出90%，考虑畜禽养殖、水产养殖分布广泛，列入优先监测新污染物清单；磷酸三（2-氯丙基）酯检出 90%，浓度高达 188 ng/L，列入优先监测新污染物清单；全氟丁酸检出 90%，考虑工业排放源较多，列入优先监测新污染物清单；壬基酚检出90%，考虑其高生物毒性及内分泌干扰作用，列入优先监测新污染物清单；全氟辛酸和全氟辛烷磺酸检出率不高，但生物毒性强、难降解且对生态和人体健康存在低风险，列入优先监测新污染物清单。

表6.9-1　优先监测新污染物清单

序号	类别	名称	原因
1	抗生素	咖啡因	检出 100%，浓度较高
2		磺胺甲噁唑	检出 90%，内源型污染物
3	有机磷酸酯	磷酸三（2-氯乙基）酯	检出 100%，检出浓度最高
4		磷酸三（2-氯丙基）酯	地下水检出，浓度高达 188 ng/L
5	全氟化合物	全氟丁酸	检出 90%，来源工业排放，广泛
6		全氟辛酸	毒性强，难分解，存在低生态和健康风险
7		全氟辛烷磺酸	
8	烷基酚	壬基酚	毒性强，具有内分泌干扰作用

第七章 总结与建议

7.1 总结

本课题通过野外调查、资料收集、室内整理、现场采样、实验室检测、理论分析、综合研究等方法，建立了烷基酚、三氯杀螨醇等重点管控新污染物的实验室分析方法，基本查清了黄河宁夏段、代表性支流及排水沟的重点管控新污染物的污染种类、污染水平及分布特征，获得了重点管控新污染物的水环境底数，根据监测结果，建立了53项检出新污染物的生态风险评估模型和通过饮水途径的人体健康风险评估模型，开展了生态及人体健康风险评估，构建了黄河流域宁夏段基于生态风险评估的优先监测新污染物清单，有助于新污染物监测能力的提升，为确保地表饮用水环境安全、改善黄河流域宁夏段水环境质量、落实新污染物治理提供基础数据及技术支撑，主要结论如下：

（1）通过资料收集、现场踏勘、综合分析，厘清了水系分布、水环境质量状况、排污口分布、产业发展、重点行业企业产排水状况及污染物种类，构建了包含黄河干支流、典型入黄排水沟、地下水、生活源及工业源的汇源一体新污染物试点监测点位。

（2）明确了新污染物监测的种类及条件。基于国家发布的重点管控新污染物清单，结合宁夏重点行业企业用地调查及工业园区地下水调查结果，确定了监测的200项新污染物的种类。开展了抗生素、全氟化合物、烷基酚、酞酸酯及有机磷酸酯的采样条件（采样瓶材质、固定剂）、保存条件（温度）的条件实验，明确了抗生素、烷基酚及有机磷酸酯采用棕色硬质窄口玻璃瓶采样，抗生素添加80 mg硫代硫酸钠作为固定剂，样品采集800 mL，并在12 h内冷冻，采用冷藏箱运输，运输过程确保箱内温度为0~4 ℃，样品在分析前始终保持冰水混合的状态。

（3）建立了部分新污染物的监测能力。基于课题研究的内容，建立了11项烷基酚的液相色谱质谱联用和三氯杀螨醇的气相色谱质谱分析方法，开展了实验室间比对，确定了各组分的方法检出限。

（4）对布设的点位分别开展丰水期、枯水期现场采样和实验室分析，结果显示，此次调查共检出53项新污染物，其中，丰水期检出47项新污染物，枯水期检出39项新污染物。抗生素和有机磷酸酯是主要新污染物，其中磺胺类抗生素和氯代磷酸酯是主要污染类别。抗生素主要来源于畜禽养殖和水产养殖；有机磷酸酯主要来源于工业生产和人类生活；全氟化合物主要来源于工业排放，检出浓度较低；烷基酚主要检出污染物为壬基酚。

（5）污染物来源显示，黄河干流宁夏段外源输入型污染物有10项，内外源型污染物有4项；内源型污染物有9项，以磺胺类抗生素和氯代磷酸酯为主。

（6）建立了53项检出新污染物的生态风险评估模型，采用熵值法，分别对鱼类、大型溞、藻类开展生态风险评估，结果显示53项新污染物丰水期和枯水期对鱼类、大型溞、藻类的生态风险均较低。

（7）建立了53项检出新污染物通过饮水途径的人体健康风险评估模型，对男性、女性、男童和女童开展健康风险评估，结果显示53项新污染物丰水期和枯水期对不同人群的健康风险均较低。

（8）基于监测及评估结果，明确了8项黄河流域宁夏段基于生态风险评估的优先监测新污染物清单，分别为咖啡因、磺胺甲噁唑、全氟丁酸、磷酸三（2-氯丙基）酯、壬基酚、全氟辛酸、全氟辛烷和磷酸三（2-氯乙基）酯。

7.2 存在问题

（1）考虑课题经费，监测点位布置较少，未能覆盖畜禽养殖、水产养殖及工业生活所有排口，监测频次较少，缺少长序列监测结果，监测数据具有典型性，但不具有全面性。

（2）对重点管控新污染物中的短链氯化石蜡，因监测方法不具备，仪器设备不满足监测条件，本次未开展研究。

（3）生态风险仅针对单体进行评价，未开展多种污染物对环境的累积效应，因此复杂环境下，多物质低剂量对环境的长期效应还需进一步研究。

（4）研究使用的健康风险评估方法较为简单，且仅对检出单体进行评价，而未开展多种检出污染物累积评价，也没有考虑长期暴露的直接摄入和生物累积风险，因此，低剂量、持续性输入、多种新污染物的累积对人类健康造成的潜在危害还需进一步研究。

7.3　建议

（1）加密监测，开展长序列、连续监测，排查来源，提出源头管理措施。

（2）开展畜禽养殖、水产养殖抗生素摸查，厘清底数及对地表水环境、黄河干流宁夏段的贡献。

（3）以鱼类为例，开展生物毒性研究，获取本地的新污染物毒理学实验室数据，尤其是抗生素和有机磷酸酯类新污染物，为下一步开展生态风险评估奠定基础。

（4）建立皮肤暴露及饮水途径的综合风险评估模型，对不同人群开展多种新污染物累积风险评估，使研究结果更加精准。

参考文献

[1] 蒋宝，隋珊珊，孙成一，等.北京市北运河水体中抗生素污染特征及风险评估 [J]．环境科学，2023，44（6）：3198-3205.

[2] 武婷，孙善伟，樊境朴，等.不同年份太湖水域全氟化合物健康风险源解析对比 [J]．环境科学，2022，43（9）：4513-4521.

[3] 谢丹，王明丽，王秀海，等.布洛芬对稀有鮈鲫早期生命阶段的急慢性毒性效应 [J].中国海洋大学学报，2022，52（10）：076-085.

[4] 菅娇龙，秦晓鹏，郎杭，等.超高效液相色谱-串联质谱法同时测定水体中37种典型抗生素 [J].岩矿测试，2022，41（3）：394-403.

[5] 吴天宇，李江，杨爱江，等.赤水河流域水体抗生素污染特征及风险评价 [J]．环境科学，2022，43（1）：211-219.

[6] 付晓燕，李振国，李翔宇，等.大连市畜禽养殖周边水体抗生素污染特征及生态风险评估 [J]．环境工程，2023，41（4）：164-169.

[7] 罗莹.典型新型污染物水生态风险评估研究 [D]．保定：河北大学，2018.

[8] 顾春节.纺织染整行业末端排放中的全氟化学物及微塑料纤维的赋存特征与生态风险评价 [D]．上海：东华大学，2022.

[9] 刘星，刘茜，孙禾琳，等.海洋水体中24种有机磷酸酯的测定分析 [J]．环境化学，2020，39（12）：3582-3584.

[10] 边海燕.河口近海环境中烷基酚的分布特征与潜在生态风险评估 [D]．青岛：中国海洋大学，2010.

[11] 赵富强，高会，李瑞婧，等.环渤海区域典型河流下游水体中抗生素赋存状况及风险评估 [J].中国环境科学，2022，42（1）：109-118.

[12] 张文萍，张振飞，郭昌盛，等.环太湖河流及湖体中有机磷酸酯的污染特征和风险评估 [J]．环境科学，2021，42（4）：1801-1810.

[13] 汤家喜, 朱永乐, 李玉, 等. 辽河流域及周边水体中全氟化合物的污染状况及生态风险评价 [J]. 生态环境学报, 2021, 30 (7): 1447-1454.

[14] 龚润强, 赵华珲, 高站啟, 等. 骆马湖及主要入湖河流表层水体中抗生素的赋存特征及风险评价 [J]. 环境科学, 2022, 43 (3): 1384-1393.

[15] 李佳乐, 王瑶, 董一慧, 等. 鄱阳湖流域袁河水体典型抗生素分布特征及生态风险评价 [J]. 生态毒理学报, 2022, 17 (4): 563-574.

[16] 陈典, 张照荷, 赵微等. 北京市再生水灌区地下水中典型全氟化合物的分布现状及生态风险 [J]. 岩矿测试, 2022, 41 (3): 499-509.

[17] 严棋. 上海市从源头到龙头的饮用水新型污染物分布特征及健康风险评价[J]. 环境科学, 2023, 44 (4): 2136-2146.

[18] 张帆. 上海污水厂新型污染物分布特征及其风险评估 [D]. 上海: 上海应用技术大学, 2020.

[19] 孟长春, 于春红, 赵树林. 水相中合成磷酸二苯基异辛酯的研究 [J]. 塑料助剂, 2021 (5): 20-22.

[20] 韦晓竹, 顾平, 张光辉. 水中新型污染物及去除研究进展 [J]. 工业水处理, 2014, 34 (5), 8-12.

[21] 张振飞. 太湖流域 (常州) 不同水体中有机磷酸酯的污染特征及风险评价 [D]. 赣州: 江西理工大学, 2020.

[22] 吕佳佩, 张振飞, 刘杨, 等. 太湖重点区域多介质水体中有机磷酸酯的分布特征及来源解析 [J]. 环境科学, 2020, 41 (12): 5438-5447.

[23] 金磊, 姜巍巍, 姜蕾, 等. 太浦河水体中抗生素赋存特征及生态风险 [J]. 净水技术, 2022, 41 (4): 35-40.

[24] 武倩倩, 吴强, 宋帅, 等. 天津市主要河流和土壤中全氟化合物空间分布、来源及风险评价 [J]. 环境科学, 2021, 42 (8): 3682-3694.

[25] 王若男, 何吉明, 向秋实, 等. 沱江流域饮用水源地抗生素污染的时空变化、生态风险及人体暴露评估 [J]. 环境科学研究, 2022, 35 (10): 2404-2412.

[26] 付明珠. 烷基酚在近海海洋及河口环境中的浓度分布与初步生态风险评估 [D]. 青岛: 中国海洋大学, 2007.

[27] 周同娜, 尹海亮. 我国环境水体中双酚 A 存在现状及标准检测方法研究 [J]. 工业用水与废水, 2020, 51 (4): 1-5.

［28］陈莹.西安市地表水环境中典型抗生素污染特征及风险评估［D］.西安:西安科技大学,2021.

［29］黄晨.西安市典型景观湖泊中抗生素分布特征及其生态风险评价［D］.西安:西安理工大学,2021.

［30］赵师晴.有机磷酸酯的水质基准及风险评估研究［D］.南昌:南昌大学,2021.

［31］庄园.有机磷酸酯阻燃剂在太湖及其周边河流水体中的分布和源解析［D］.南京:南京大学,2015.

［32］吴雨.长江新济洲湿地土壤养分和重金属分布特征及其质量评价［D］.南京:南京信息工程大学,2022.

［33］高源.中国南方典型食用鱼类中酚类内分泌干扰物的浓度分布及人体暴露的初步研究［D］.广州:广东工业大学,2022.